圖解 解決帶人問題的
識學管理法

2小時快速掌握一流主管思維，
讓部屬自動自發、老闆信任、團隊績效達標

安藤廣大 著
識學株式會社 監修
張嘉芬 譯

急成長する組織の作り方が2時間でわかる！識学マネジメント見るだけノート

目錄

好評推薦 ... 9

作者的話　識學管理法，讓人人成為一流主管 ... 10

序章 ❶　開始帶人，決定未來十年職涯的成敗 ... 12

序章 ❷　優秀員工晉升主管後容易犯的錯 ... 14

第 1 章
一流主管必備的人設與心態

01	不在意部屬的臉色，用「原則」管理	18
02	只在有成果時，才表現情感	20
03	別把「動力」當成努力的理由	22
04	為了部屬成長，堅持「規則至上」	24
05	擺脫員工心態的方法	26
06	成為深受公司高度評價的人才	28
07	判斷什麼對部屬最有利	30
08	靠團隊，收益才能最大化	32
09	以公司利益為優先，提升團隊表現	34
10	不造成個人與公司之間的利益衝突	36
11	營造適度緊張感，學會面對恐懼	38

12	明確劃分責任歸屬	40
13	放眼未來，做出有遠見的決策	42
14	不必過度擔心會造成「職場霸凌」	44
15	優秀的主管不怕孤獨	46
16	跟部屬保持距離，才能維持公平	48
17	制定規則，是主管最重要的職責	50
18	不必看人臉色，打造舒適職場	52
19	搞錯問題本質，無法做出正確判斷	54
20	跑在團隊最前面，不是主管的職責	56
21	提供成長機會，帶動團隊水準	58
22	看不見，卻能感受部屬的成長	60
23	不以模糊的立場逃避責任	62

專欄 ❶ 　老闆，是公司裡最孤獨的角色　　64

第 2 章
高效管理部屬的實用技巧

| 24 | 讓部屬明確知道「考評主管」是誰 | 68 |
| 25 | 指派工作是「要求」，而非「請求」 | 70 |

26	下達指示時，要用「肯定語氣」	72
27	交辦任務，必須設立期限	74
28	部屬報告時，只聽事實	76
29	只有兩種情況，才讓部屬商量	78
30	不靠喝酒跟部屬搏感情	80
31	忽視部屬的藉口，只關注事實	82
32	主管不需要幫部屬找努力的理由	84
33	打造良性競爭的好環境	86
34	業績視覺化，讓競爭一目了然	88
35	別因「他很努力」而肯定過程	90
36	重視過程，會讓部屬刻意加班	92
37	讓「報喜不報憂」的部屬寫日報	94
38	隨口稱讚會降低部屬的標準	96
39	規則有兩種：「行動」、「態度」	98
40	一有新規定，都會造成反彈	100
41	明確指出「何人、何事和期限」	102
42	先設定明確目標，最後考核結果	104
43	失敗是成長機會，放手讓部屬去做	106

44	沒做過的業務，也讓部屬試著挑戰	108
45	沒達標時，指出需要加強的關鍵	110
46	無法對結果負責，組織難以運作	112
47	填補「結果」和「考核」的差距	114
專欄 ❷	老闆交辦的工作，釐清責任歸屬	116

第 3 章
數值化管理，客觀又能化為動力

48	數值化，可以節省溝通成本	120
49	設定 KPI，迅速進入「行動」階段	122
50	千萬別把「手段」當「目的」	124
51	拆解行動，再向對方說明	126
52	數值化考核，最多五個項目	128
53	難以數值化時，思考重要的元素	130
54	任何情況都用數字考核績效	132
55	設定目標時，謹慎使用「百分比」	134
56	績效獎勵制度的缺點	136

57	考核沒有持平,不是加分就是扣分	138
58	對數字一定要斤斤計較	140
59	小心開會帶來充實感的假象	142
60	成功法則只是假設,不是變數	144
61	捨棄無用變數,提升運作效率	146
62	檢視部屬設定的變數是否有誤	148
63	判斷自己是否能掌控	150
64	以長期的觀點,納入考核	152

專欄 ❸ 過度干涉、越權管理,導致組織失能　　154

第 4 章
讓部屬信任、老闆相挺的處事之道

65	秉持「為了公司」的精神	158
66	成為深受老闆肯定的主管	160
67	升遷不是靠「積極表現」	162
68	切記自己是上下關係的橋梁	164
69	別搬出上頭,才能贏得部屬信任	166
70	千萬別跟老闆爭輸贏	168

71	不怕自己的評價暫時下滑	170
72	不能把錯都推給部屬	172
73	別把老闆當成不順的藉口	174
74	如何搞定無法做決定的主管？	176
75	怎麼面對「善變」的主管？	178
76	不要以老闆的角度思考	180
77	別隨便評論公司的人事物	182
78	不輕易干涉其他部門的事務	184
79	忽視組織架構，越級報告是大忌	186

專欄 ❹　別強迫員工一定要愛公司　　　　　　188

結語　落實識學管理，讓團隊飆速成長　　　　　190
參考書目　　　　　　　　　　　　　　　　　　191

好評推薦

「擔任主管是為了成就更好的自己,這其中的眉角就是能夠把工作經歷淬煉為成功經驗。透過作者深入淺出的圖解案例,細細咀嚼與應用後,相信能讓職涯走得更加游刃有餘。」

── 方植永(小安講師),企業顧問與人才培育講師

「當 AI 工具能夠透過大量理性數據與邏輯辯證,成為現代工作者的威脅之際。你以為感性就是人類最後的光輝,但若沒有理性判斷打底,情感訴求只是無的放矢。我很推薦這本書,能夠輕鬆閱讀並讓你應用自如!」

── 江守智,精實管理顧問

「AI 時代來臨,中階主管承上啟下的角色,會比以往更加重要,本書描述的管理心法和手段,是很不錯的指南,能讓新手主管快速上手!」

── 孫憶明,台灣大學領導學程兼任副教授

作者的話

識學管理法，讓人人成為一流主管

很多人從一般員工晉升主管之後，面對無法拿出好績效的問題，會感到非常苦惱。對於剛成為主管的人來說，可能是第一次遇到無法靠過去的實務經驗來帶人。

在當前職場，隨著工作方式的改革推進，中階主管不僅要提升業績，還必須改善工作環境、維護組織內的人際關係，並解決各種問題。

為了解決企業面臨的各種挑戰，已經發展出許多管理方法並應用於企業中。本書介紹的**「識學管理法」則聚焦於「組織」，從組織結構問題切入，進而解決管理上的難題。**

企業是一個組織系統，即便擁有再多優秀的人才，若運作不順暢，仍然難以達成理想成果。即使表面上看似運作良好，內部也可能潛藏系統化的問題。有時，儘管做了很多，卻可能在不知不覺中對企業造成傷害。

因此，**本書專為主管量身打造，全面介紹獨創的「識學管理法」，幫助主管更高效管理組織**。如果在閱讀過程中感到難以理解，書中特別設計了圖解插圖，讓內容淺顯易懂，更能掌握整體概念。

　期盼各位能透過本書，學習到身為主管的正確思維，並在管理實務中靈活應用，讓職場之路無往不利。

【圖解】
解決帶人問題的識學管理法

序言❶

開始帶人，
決定未來十年職涯的成敗

本書將深入解說「識學管理法」，
完整介紹打造高績效團隊、提升業績的必備知識與技巧。

一般員工　　　　　　主管

從一般員工晉升管理職都要實踐的

具體管理方法

序言 ❶
開始帶人，決定未來十年職涯的成敗

為什麼成為「主管」的資歷，是上班族最關鍵的階段？

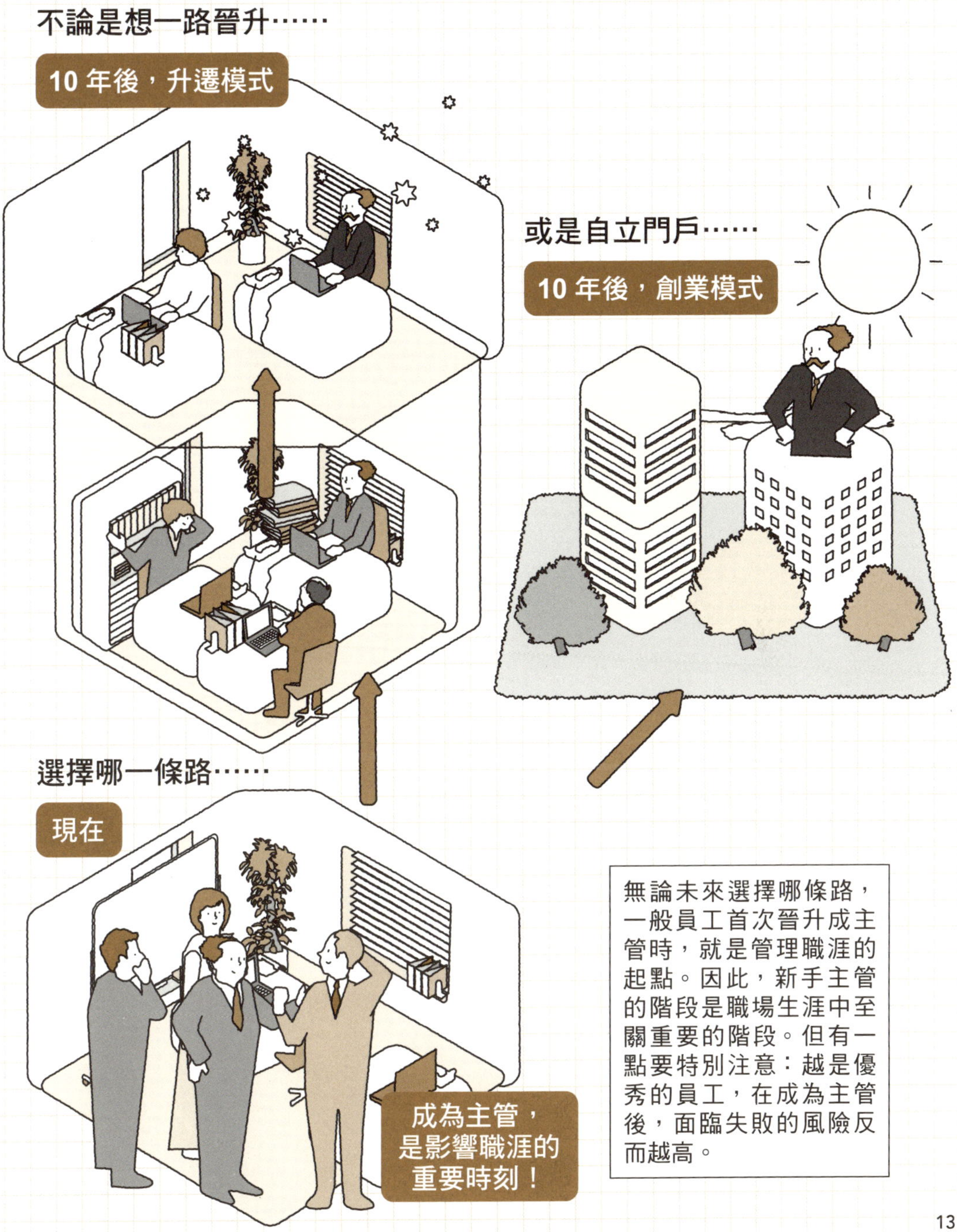

不論是想一路晉升……

10 年後，升遷模式

或是自立門戶……

10 年後，創業模式

選擇哪一條路……

現在

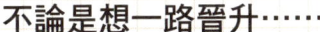

成為主管，是影響職涯的重要時刻！

無論未來選擇哪條路，一般員工首次晉升成主管時，就是管理職涯的起點。因此，新手主管的階段是職場生涯中至關重要的階段。但有一點要特別注意：越是優秀的員工，在成為主管後，面臨失敗的風險反而越高。

【圖解】
解決帶人問題的識學管理法

序言❷

優秀員工晉升主管後容易犯的錯

優秀員工不見得可以成為一流主管，因此建議在身為一般員工時，就開始學習管理技巧吧！

新手主管會面臨的兩大失敗

越是優秀員工，越容易成為這樣的失敗主管

「指手畫腳」型　　　「跟著我做」型

先這樣，再那樣……

看我怎麼做，跟著學習！

很在意必須親自指導，動不動就對部屬說「再這樣調整一下」「不然這樣試試看吧？」……各種細節都要管。

還停留在一般員工的思維，要求部屬跟著自己做的帶人方式。

這兩種都是非常糟糕的帶人方式！

序言 ❷
優秀員工晉升主管後容易犯的錯

以「識學」為基礎，落實正確的管理！

何謂「識學」？

什麼該說？
什麼不該說？

　　「識學」是一門管理學問，研究企業組織內部如何產生誤解或錯誤認知，以及該採取哪些解決之道。

　　在上一頁提到的失敗案例中，主管會讓部屬停止思考，或放棄身為主管的責任，都無法發揮主管的角色。

　　識學管理法，可以讓天生不是領導型的人，也能落實管理。只要願意學習，人人都有機會成為一流主管。

發揮主管的職責
不堅持個人風格，了解身為主管應盡的職責，並力行實踐。
　該做的事（第一階段）

減少日常的誤解
將主管必備的正確言行內化成習慣，從根本改變團隊的體質。
　該做的事（第二階段）

團隊成果極大化
主管的終極目標，是提升團隊的整體表現。只要不斷堅持做好該做的事，必定會看到成果。

識學管理
圖解筆記

第1章

一流主管必備的
人設與心態

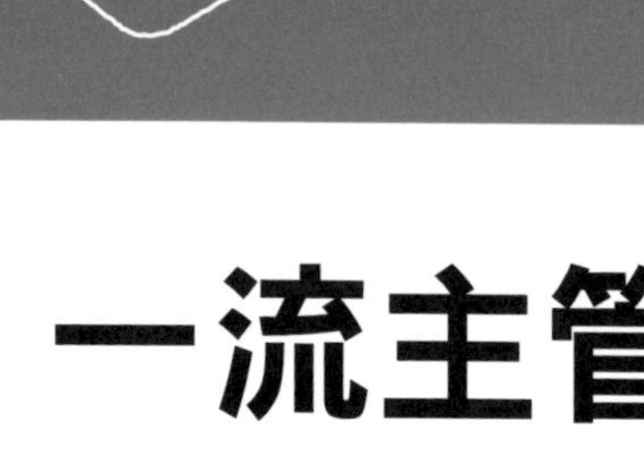

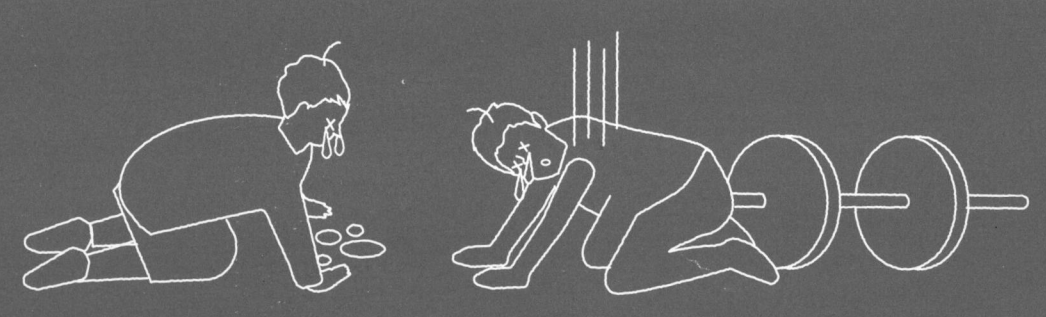

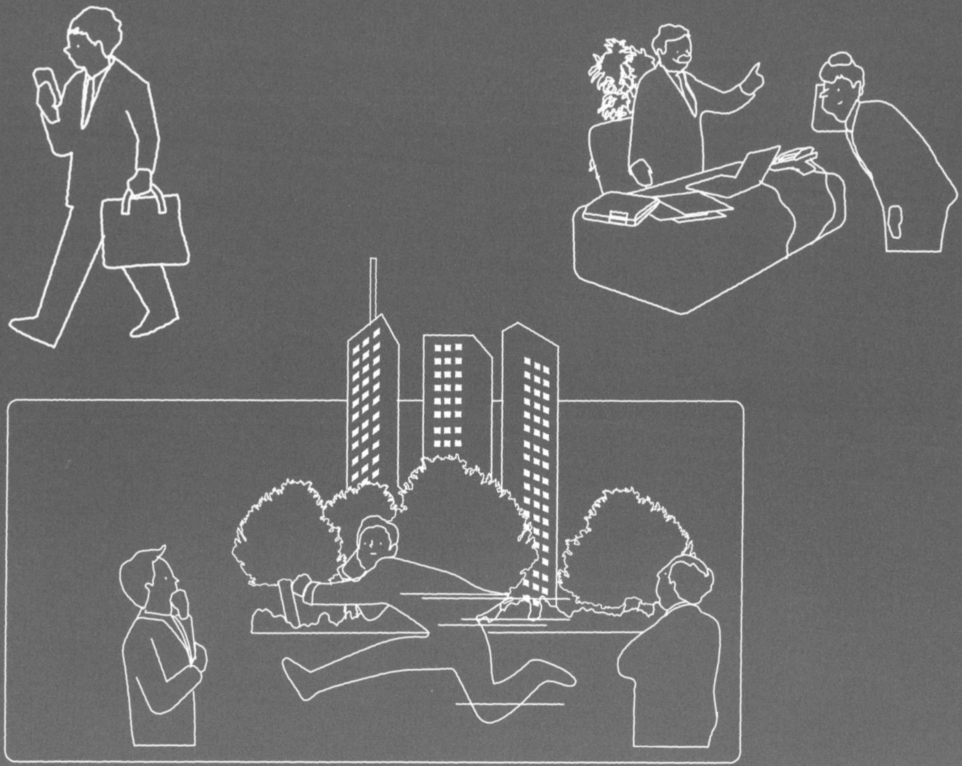

若還抱持著一般員工心態的新手主管，首先需要調整自己的心態。
在第 1 章中，將詳細說明成為一流主管所需具備的特質和心態，以及如何達成這些目標。

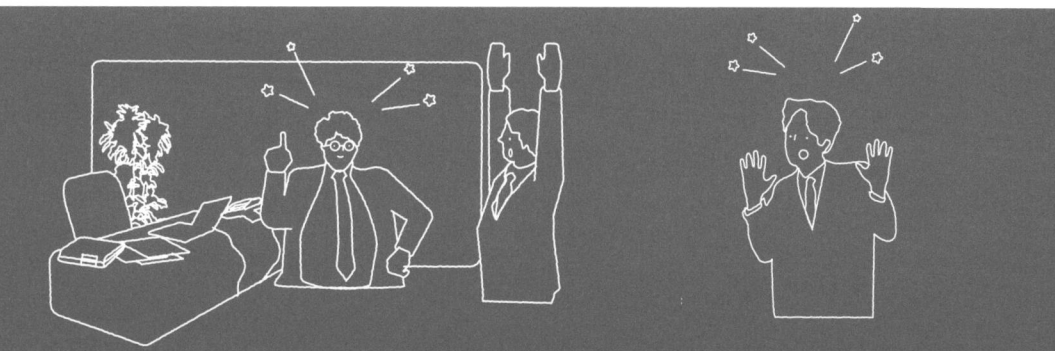

【圖解】
解決帶人問題的識學管理法

關鍵字 → ☑ 可重複執行的原則

01 不在意部屬的臉色，用「原則」管理

當上主管之後，每個人都希望自己成為好主管。
然而，對組織來說，究竟哪種領導方式才是最有利的呢？

　　主管的有許多不同的類型。那些在擔任一般員工時表現優秀的人，當上主管後，就會以「跟著我做」的方式領導部屬。他們願意傾聽部屬的意見，也會給予建議和鼓勵，並努力提振團隊士氣，乍看之下似乎是個好主管。但其實，**過度在意部屬感受的主管，反而可能阻礙部屬成長**，不是好主管的領導類型。

如果成為這樣的主管，就要特別注意

「跟著我做」型
關心部屬、樂於提供建議和鼓勵，還常透過聚餐喝酒來促進溝通。

上次的資料整理得很好，真的幫了大忙。
如果有什麼問題，隨時可以找我聊聊。

謝謝。
目前我沒有遇到困難，所以沒問題的。

只有主管自己成長？
身為主管，努力成為部屬的好榜樣，自己也做出好成績。然而，部屬的表現卻始終沒進步。明明都親自做了良好的示範，究竟問題出在哪？

18

一般來說,在學校班級或社團活動中,不懂得察言觀色的人,通常不太受歡迎。進入職場後,許多人認為在公司也需要察言觀色,揣測部屬、同事或主管的情緒。然而,**在企業組織中,真正應該重視的不是這些情緒,而是透過貫徹執行的原則來管理。只要運用可重複執行的原則,人人都能實踐管理,創造好績效。**

改掉在意別人臉色的習慣

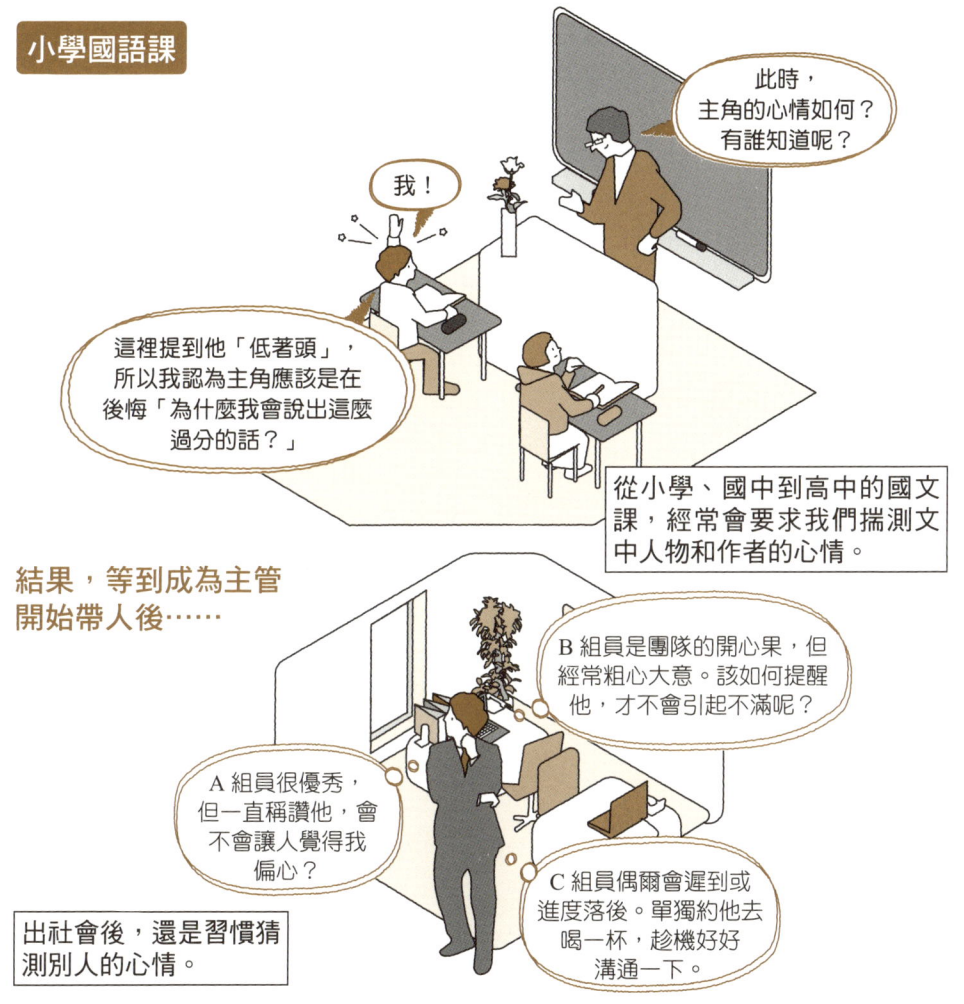

【圖解】
解決帶人問題的識學管理法

關鍵字 → ☑ 理性應對

02 只在有成果時,才表現情感

別成為過度在意部屬感受的感性主管,
運用理性管理,才能在日常工作中獲得穩健的成果。

上一章節提到,團隊管理所需要的不是情感,而是原則。如果將解讀他人心情比喻成國語課,那麼原則就像是數學,只要套用公式就能得到正確答案,不會有任何情緒的干擾。或許有些人會很排斥這種觀念,覺得這樣做缺乏人情味,但**在日常工作中,我們需要理性應對,避免情緒化**。不過,在適時的場合下,表達真實的情感就沒關係。

從「情感」轉為「原則」

在職場上，應該把情感放在一旁，只有在一個例外的情況下，可以適度表達情緒，那就是在企劃或專案結束，得知成果之後。如果獲得好成果，可以表現開心，這份喜悅能夠成為迎接下一個挑戰的動力；就算結果不如預期，也能將這份挫折化為力量，帶來翻身成長的機會。然而，**在得知結果前，最好收斂自己的情感。**

落實以「原則」為基礎管理團隊

【圖解】
解決帶人問題的識學管理法

關鍵字 → ☑ 切身感受成長

03 別把「動力」當成努力的理由

許多主管都會想辦法提升部屬的工作動力，
但其實根本沒必要這樣做。

在領導管理類的書籍中，經常可以看到如何提升部屬工作動力的內容。然而事實上，主管不必過度在意這一點。部屬應該自己找到工作動力，而不是靠公司或主管驅動。尤其**在業績無法達標時，部屬更不應該把「缺乏動力」當作推卸責任的藉口**。

動力，反而是萬惡之源！

「提升部屬的工作動力，讓他們努力工作」是主管的職責嗎？

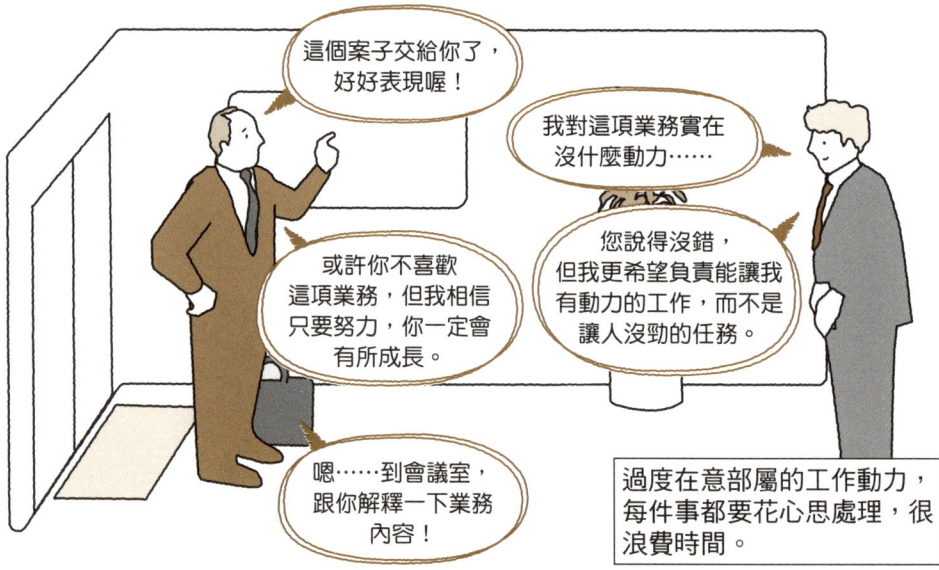

這個案子交給你了，好好表現喔！

我對這項業務實在沒什麼動力……

或許你不喜歡這項業務，但我相信只要努力，你一定會有所成長。

您說得沒錯，但我更希望負責能讓我有動力的工作，而不是讓人沒勁的任務。

嗯……到會議室，跟你解釋一下業務內容！

過度在意部屬的工作動力，每件事都要花心思處理，很浪費時間。

22

主管的職責是引導部屬，讓他們自主找到對工作的動力。當人們感受到自己成長時，才會產生更多動力。**只要獲得成長的真實感受，就能激發企圖心和願望**，像是「我想成為更好的自己」、「我想獲得努力後的成果」。與其讓部屬把「動力」當作「努力的理由」，不如把動力當作是「努力的動機」。

被迫去做的事，很難有拚勁

提升動力的因素因人而異，所以公司或主管不必花費心力。

關鍵字 → ☑ 規則至上

04 為了部屬成長，堅持「規則至上」

要培養部屬成為優秀人才，
有時採用看似無情的管理方式，反而更能高效達標。

　　以理性的方式管理部屬，或許會被批評為「缺乏人情味」或「把部屬當成機器」。然而，根據過去的經驗證明，**強調理性、規則至上的管理方式，更能有效促進部屬成長**。對於部屬來說，即使公司經營困難而進行裁員，只要具備一定的技能，他們依然有機會重新找到工作。因此，培養有實力的人才，也是主管的重要使命之一。

公司為了生存，需要哪些要素？

在管理團隊中,理想的方式是由主管決定方向,並讓部屬自主執行任務。與其由主管逐一給予詳細指示,不如讓部屬依照自己的想法,努力創造績效,這樣的做法更理想。**當團隊成員都全力以赴、集思廣益,共同達標時,身為主管不僅能感受到帶人的成就感,還能期待團隊創造出卓越的績效。**

就像家長養育小孩成為獨立成年人一樣,主管的責任是要把部屬培養成為優秀人才。就算部屬換到其他部門或公司,也能勝任工作、獨當一面,這也是主管的使命。

如果想要度過危機,主管必須確保部屬能夠不斷成長,並且不能輕易放棄培養部屬的責任。

第 1 章　一流主管必備的人設與心態

【圖解】
解決帶人問題的識學管理法

關鍵字 → ☑ 管理放在首位

05 擺脫員工心態的方法

主管應該重視團隊的成長，
而不是炫耀過去的成就或經驗，也不要跟部屬一較高下。

如果主管同時身兼執行者，當業績不好時，就會覺得沒自信，導致無法好好指導部屬。然而，請切記一點，主管的首要任務是負責團隊的整體表現。**無論在任何情況下，都應該把管理放在首位**。就算上級要求主管提升個人業績，也必須堅持以團隊管理為優先，才是關鍵。

如果主管被認為偏心，可能會導致嚴重的問題，因此確保公平對待每個部屬至關重要。為了做到這一點，與部屬保持適當的距離和緊張的關係是明智的選擇，這不僅有助於建立平等的組織氛圍，還能促進團隊成長。此外，主管不必急於追求成果，**一流主管懂得以平常心管理團隊，耐心等待部屬成長，不會在中途放棄或氣餒。**

部屬可能要離職，該如何應對？

【圖解】
解決帶人問題的識學管理法

關鍵字 → ☑ 優秀員工

06 成為深受公司高度評價的人才

就算對自己的實力再有自信，如果沒得到公司和主管的肯定，那麼只不過是自爽而已，必須有所覺悟。

在公司中獲評為「**優秀員工**」，是指能成為組織核心戰力的人才。因此，即使你對自己的技能和知識充滿自信，但如果在客觀評價中未達標準，仍無法被稱為優秀員工。**最關鍵的是，做到具體成果，並獲得公司的肯定。**所有公司員工應該以獲得考核主管的肯定為目標，而不是追求自我滿足。

缺乏他人肯定的自信，只是自負

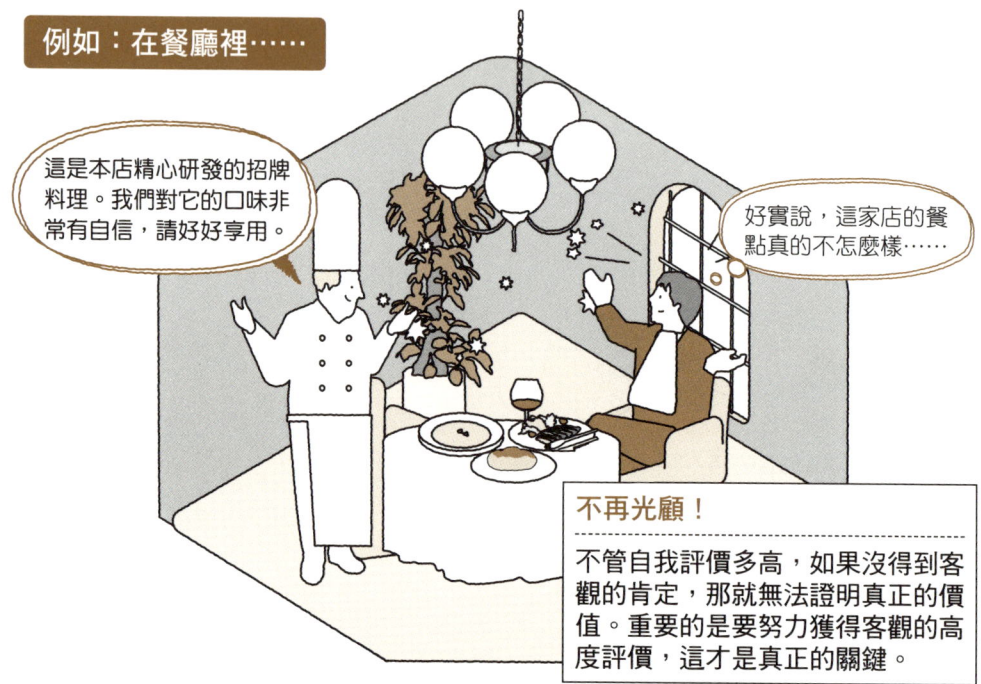

例如：在餐廳裡⋯⋯

這是本店精心研發的招牌料理。我們對它的口味非常有自信，請好好享用。

老實說，這家店的餐點真的不怎麼樣⋯⋯

不再光顧！
不管自我評價多高，如果沒得到客觀的肯定，那就無法證明真正的價值。重要的是要努力獲得客觀的高度評價，這才是真正的關鍵。

如果我們過度重視顧客的評價,那會發生什麼事?假如我們依照顧客的要求降價,顧客當下可能會感到滿意。然而,這種對顧客百依百順的態度,長遠來看可能會對組織造成損失。**雖然公司利益與顧客評價都很重要,但究竟該優先考量哪一個?**這一點值得我們深思。

考評部屬時,要排除私交,聚焦貢獻度

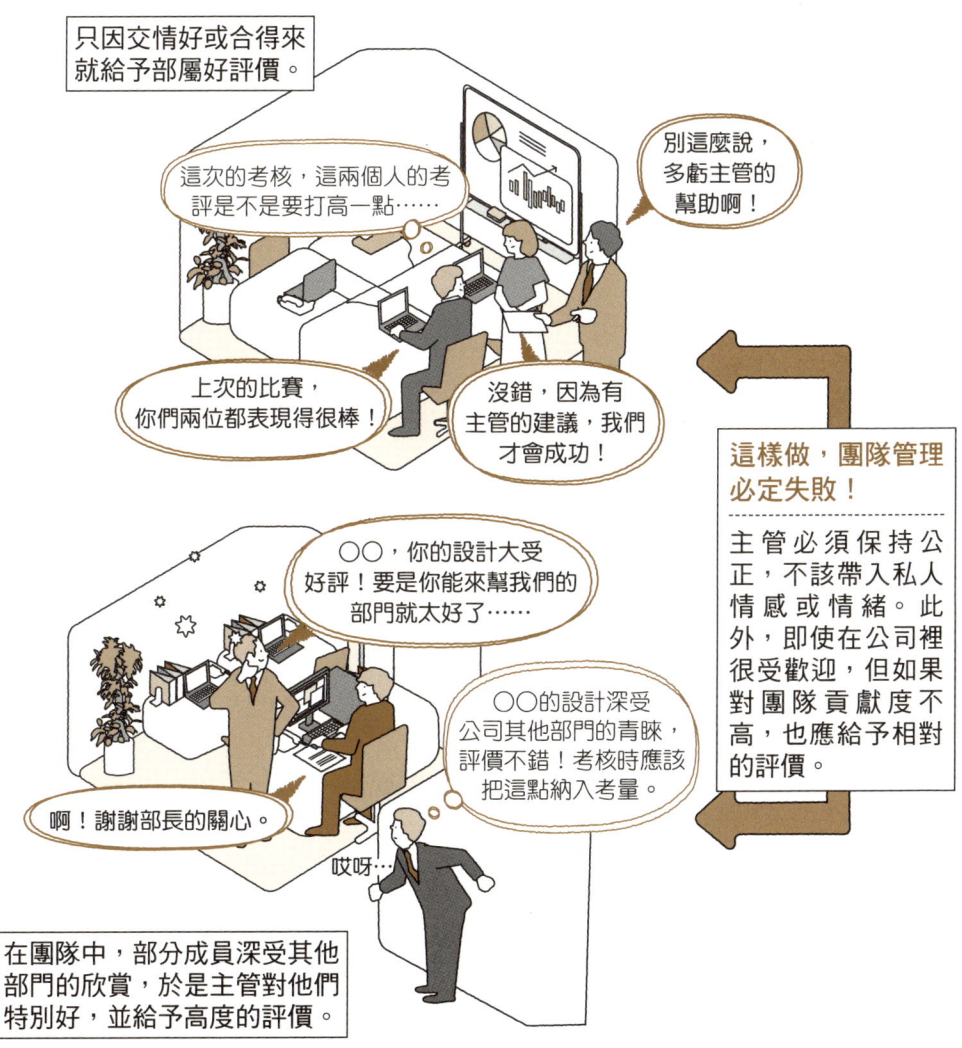

【圖解】
解決帶人問題的識學管理法

關鍵字 ➡ ☑ 行動的契機

07 判斷什麼對部屬最有利

讓部屬願意行動的關鍵是「對他們有利」。
因此，主管必須讓部屬覺得，跟隨你能帶來實際的利益。

人們通常會因為對自己有利或讓自己感到愉快的事物，而具備行動的契機。簡單來說，就是看是否有利可圖。主管應該善用這一大原則，讓部屬相信只要跟著你努力工作，就能獲得回報。反之，如果部屬認為跟隨你無法獲得好處，那麼就沒人會願意跟隨這位主管。

「人類行動的原理」是什麼？

快樂　人類的行動基本上是由快樂與不快樂所驅動，例如：開心、愉快、獲得利益或感覺自在……

不快樂　悲傷、痛苦、吃虧（承受損失）……

• **快樂的心情會促使行動**
就像「因為加薪會讓人很開心，所以會更努力工作」，愉快的心情會促使行動。

• **不快樂的心情會改變行動**
就像「遲到被主管責罵，所以改搭早一班的電車」，壞心情成為改變行為的契機。

對部屬而言，所謂的利益就是能促使自己成長的事物。如果主管能讓部屬相信「跟隨他，我會得到成長」，即使工作要求比較嚴格，部屬也會願意跟隨。就算主管具有人格魅力，或像家人一樣關心部屬，但如果無法促進部屬的成長，那麼這樣仍是不合格的主管。

難道部屬沒有「只求輕鬆」的終極目標嗎？

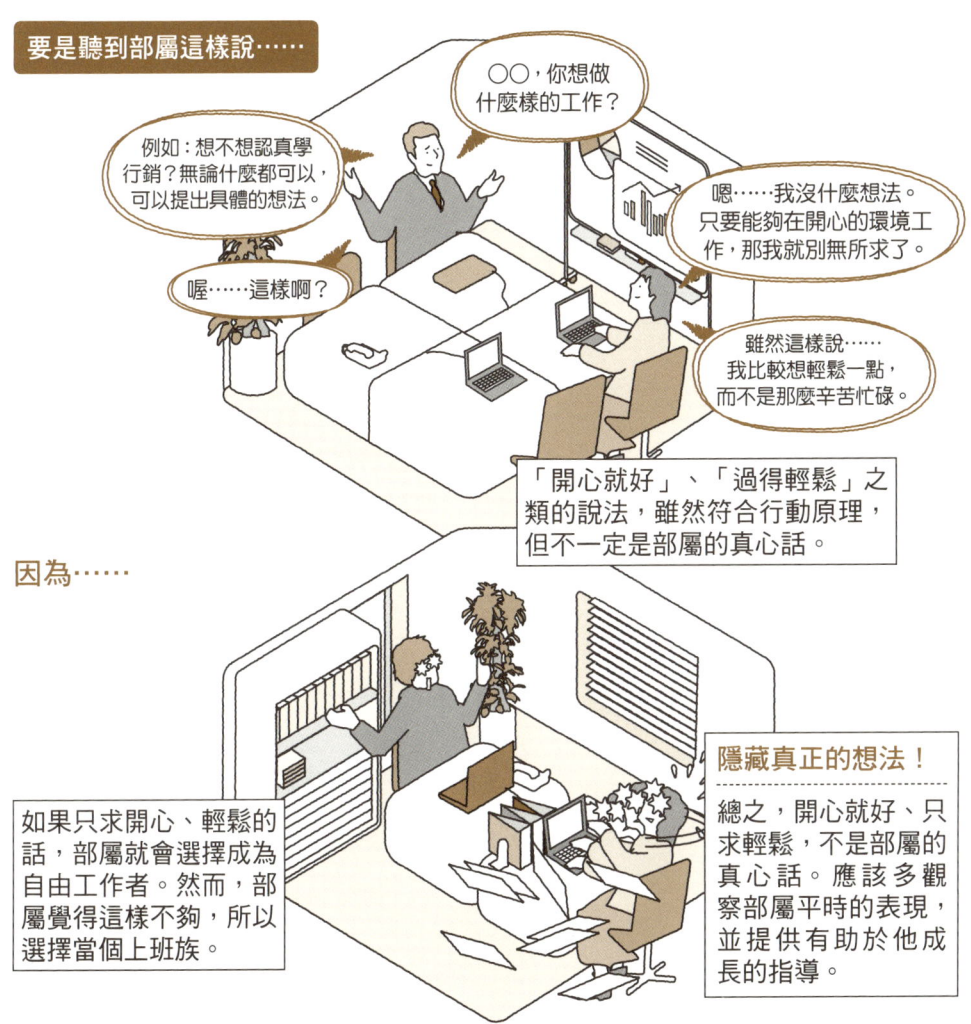

【圖解】
解決帶人問題的識學管理法

關鍵字 → ☑ 利益最大化

08 靠團隊，效益才能最大化

主管的目標，是在第一線做好管理工作，
讓團隊成員懂得為公司的利益而努力。

　　社會上會發展出公司組織，是因為它能比單打獨鬥獲得更大的利益。以狩獵為例，只有多人合作才能捕獲巨型長毛象，而獲得的分配也更豐厚，員工的薪資也是如此。需要注意的是，要成功捕獲大型獵物，每位團隊成員都必須採取適當的行動。**只有當員工高效工作，組織的利益才能最大化。**

單靠個人的力量是有限的

在農耕和牧畜出現之前，人類過著狩獵生活。直到開始集體狩獵之前，人們各自捕獵小動物或捕魚。當沒有獵物時，他們則以根莖類或果實作為食物。

單打獨鬥無法捕獲大型獵物，但後來就慢慢出現了由多人組成的生活群體。

在一些優秀的部屬中，有能有人會考慮自立門戶，成為自由工作者。上班族是公司的員工，完成指派工作後領取薪資。而創業家或自由工作者，選擇向比公司規模更大的「整體社會」爭取肯定，這是一條充滿挑戰的道路，成功是唯一的選擇。**主管需要讓員工了解這些選擇的利弊。**

集結眾人之力，捕獲大型獵物

漸漸地，人類開始以集體生活的方式進行狩獵。

有時，他們甚至會捕獲巨型長毛象。利用團隊的力量捕獲長毛象後，每個人獲得的分配就會增加。

公司也一樣！

比起少數人工作，更多人一起合力工作，大大增加獲得更多利益的機會。

個體戶　　　　　公司組織

※ 雖然有些人能在例外情況下賺更多，但那只是極少數。

【圖解】
解決帶人問題的識學管理法

關鍵字 → ☑ 為了公司的利益

09 以公司利益為優先，提升團隊表現

雖然現在鼓勵大家要勇於表達自己，但為了公司的利益，應該避免不必要的個人意見，才是明智的做法。

基本上，主管應以組織或團隊的利益為優先考量。秉持「先有個人，才有組織和團隊」的觀點，不可忽視組織規定或一味堅持個人主張。對部屬也應以同樣的觀點來引導他們面對組織。**以「為了公司的利益」為前提，思考如何提升團隊的表現，就是關鍵所在。**

只要做到例行報告就可以了嗎？

在組織經營上，就算是細節，只要有用的資訊，都會成為優勢。尤其第一線的動態，部屬掌握的資訊會比主管更真實與詳細。在這些資訊中，希望部屬能主動回報對高層或團隊有價值的內容。**主管在聽取部屬回報時，也應以公司的利益為出發點，並在篩選後適時報告必要的資訊。**

目標是提升團隊的表現

如果 A 組員在開會前就向主管回報，團隊內部就能提早共享資訊，而 B 組員在解決問題的過程中，會更順利。

A 組員

隨時回報！

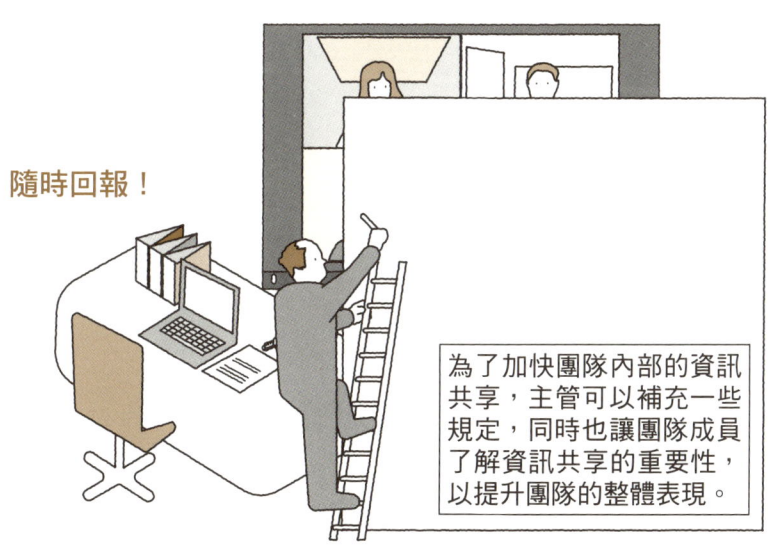

為了加快團隊內部的資訊共享，主管可以補充一些規定，同時也讓團隊成員了解資訊共享的重要性，以提升團隊的整體表現。

第 1 章　一流主管必備的人設與心態

【圖解】
解決帶人問題的識學管理法

關鍵字 → ☑ 利益衝突

10 不造成個人與公司之間的利益衝突

透過持續為提升公司利益做出貢獻，員工也能在過程中獲得成長，而這些成長就是唯一且最大的利益。

前文提到關注公司利益的重要性，但如果把這種觀點曲解成「為了公司，不惜一切手段創造利益」，這種黑心企業的觀念完全錯誤。員工個人的利益在於自身的成長。要在組織內實現個人成長，關鍵在於為公司創造營收和做出貢獻。因此，**員工和公司之間不應該存在利益衝突。**

何謂利益衝突？

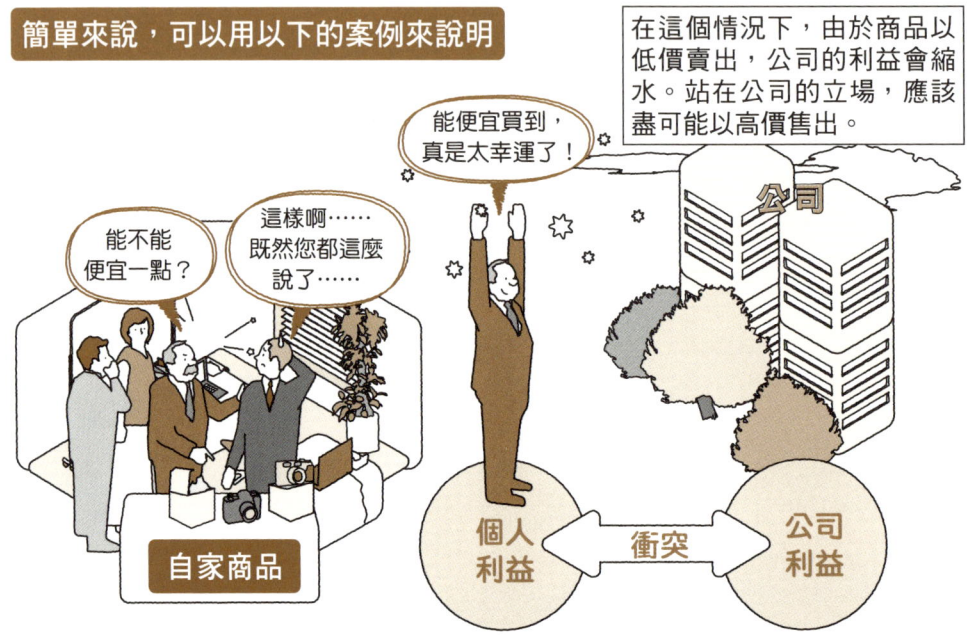

當員工加班卻只是在打發時間，而沒有實際的工作成果，會帶來什麼問題呢？公司必須支付加班費，但員工的績效卻沒有提升，這就會造成公司和員工之間的利益衝突。**身為主管，應該及時處理這種情況，做出明確的判斷，引導員工朝著提升業績的方向努力。**

避免員工與公司之間發生利益衝突

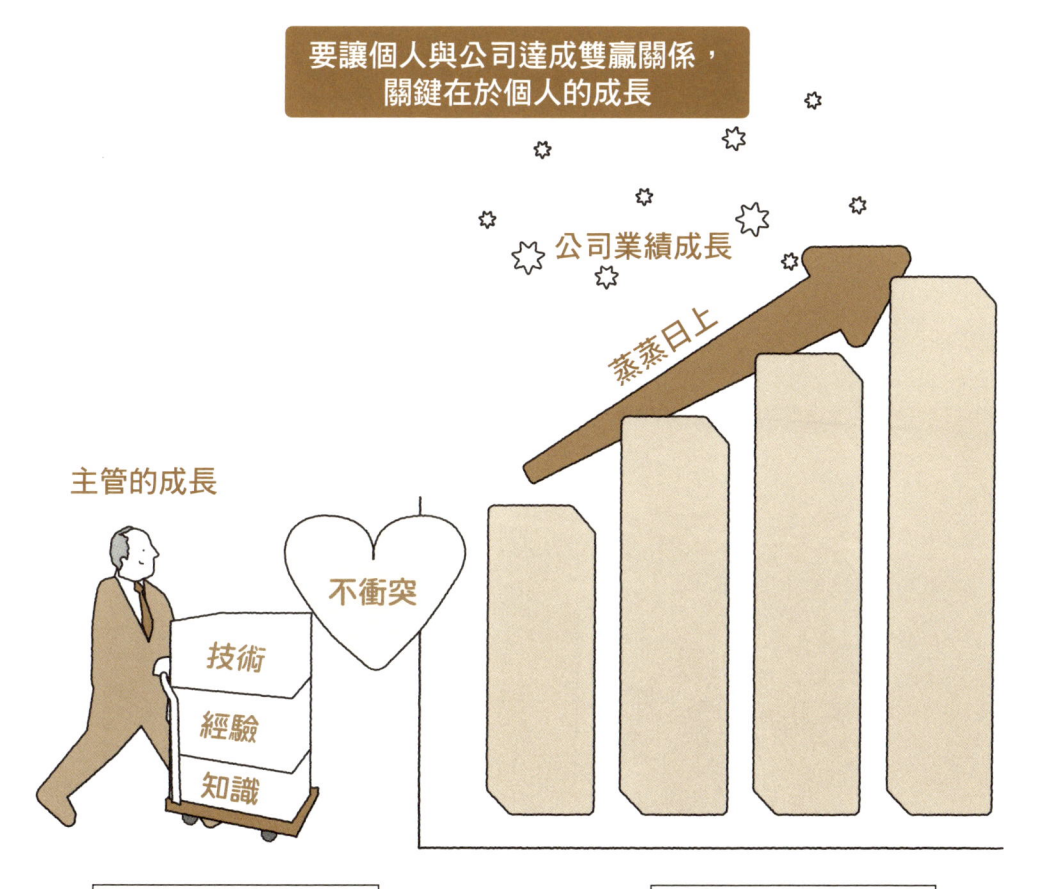

要讓個人與公司達成雙贏關係，關鍵在於個人的成長

公司業績成長　蒸蒸日上

主管的成長

技術　經驗　知識

不衝突

主管的管理方式，必須能促進部屬的成長！

每位員工的貢獻，都會讓公司業績得以成長。

第 1 章　一流主管必備的人設與心態

【圖解】
解決帶人問題的識學管理法

關鍵字 → ☑ 適度的危機感

11 營造適度緊張感，學會面對恐懼

如果部屬能感受到「必須提升實力」的焦慮，
這種危機感會讓整個團隊大幅成長。

在人類面對危機時，往往能發揮出超乎尋常的實力。在遭逢自然災害、意外事故等情況，生命感受到威脅時，人們常能以超常的能力克服困難。**在工作中，適度的危機感也同樣重要**。如果員工能感受到「現況行不通」的危機感，就會激發自我的動力，努力提升工作效率、學習高難度的專業技能，並持續自我成長。

在這樣的環境下，無法激發緊張感

穩定的大企業

我們是大企業，不管發生什麼事，都不會倒！

在大企業的庇護下，多數員工會更關注派系和人際關係的經營，往往缺乏促進自我成長的危機感。

和藹可親的主管

這點小錯誰都會有啦！
大家都沒有任何不滿喔！
就算出錯也會原諒我們。
達不到目標也不會被罵。
我沒打招呼，結果竟然沒事。

在舒適的環境中，很難培養緊張感和危機感。

主管必須擁有危機感，也讓部屬保持適度的危機感，以促進他們成長。在追求成長的過程中，打造緊張感的環境是不可或缺的。過於輕鬆的環境，容易導致員工變得鬆懈。因此，主管應該設定適合部屬實力的挑戰和目標，並調整到「再努力一點就能達成」的難度，這樣能有效提升整體實力。

錯誤的危機感＝負荷過重無法持久

安排「恰到好處的負荷」，是主管的職責之一

好的！我會加油的！

危險

強度太高危險！

突然慢跑1小時

挑戰極限！

危險

用很重的啞鈴做臥推

強度太高危險！

腿部肌肉好像受傷了！

手臂腫起來了，連打字都很困難！

不建議「拚命做到極限」。最好保持在接近極限的範圍內，並持之以恆！

第1章　一流主管必備的人設與心態

【圖解】
解決帶人問題的識學管理法

關鍵字 → ☑ 責任歸屬

12 明確劃分責任歸屬

縱使金字塔型組織備受爭議，
但不妨重新審視金字塔型組織的優點。

扁平化組織的制度打破了傳統的上下級關係，一度成為管理界的熱門話題。然而，現實是大多數組織仍以金字塔型的結構運作。在這樣的企業中，主管若試圖強行推行扁平化管理，往往事與願違。**真正優秀的主管，懂得善用金字塔型組織的優勢**，而不會盲目消除階級制度，從而打造高效團隊。

如果責任歸屬不明確的話……

- 要不要一起去旅行？
- 好啊！要去哪裡好呢？
- 嗯……北海道如何？
- 九州或沖繩呢？論島之類的離島，好像也不錯。

遲遲沒有定論……

- 還是說不考慮出國嗎？
- 咦？不去沖繩嗎？
- 再這樣下去，可能一輩子都去不了。
- 我其實想去韓國……
- 是啊……夏威夷也不錯……

金字塔型組織的優點，在於指揮下達命令系統統一，責任歸屬明確。然而，這類組織常面臨的問題是「決策耗時」。如果中階主管連自己職權範圍內的事項都向上級請示，將造成不必要的時間浪費。為了加快決策速度，主管應充分了解自身職權，並根據部屬提供的資訊和需求做出判斷。

如果知道誰該負責的話……

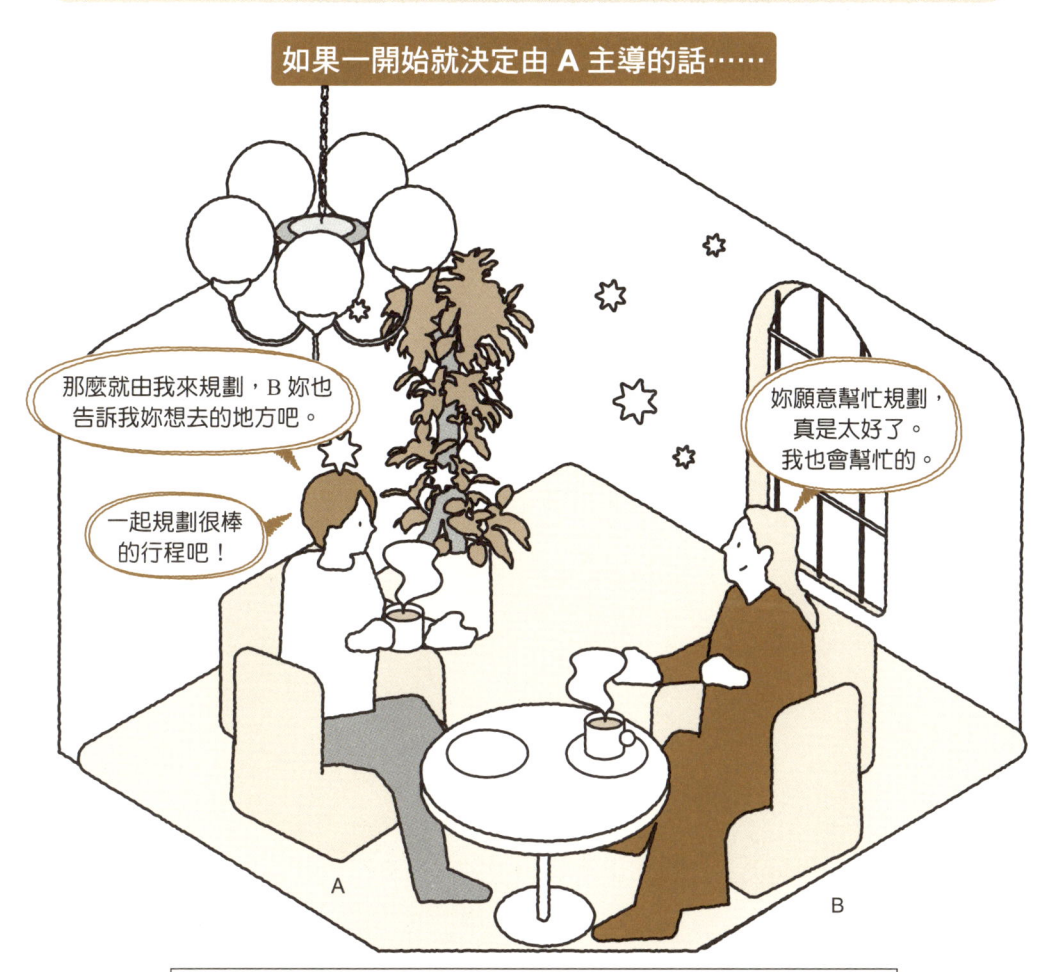

如果一開始就決定由 A 主導的話……

> 那麼就由我來規劃，B 妳也告訴我妳想去的地方吧。

> 一起規劃很棒的行程吧！

> 妳願意幫忙規劃，真是太好了。我也會幫忙的。

A　　　　　　　　　B

一旦確定了主責，事情就會順利進行。
管理團隊也是如此，勇於承擔責任並做出決策，也是成功關鍵。

第 1 章　一流主管必備的人設與心態

【圖解】
解決帶人問題的識學管理法

關鍵字 → ☑ 放眼未來的觀點

13 放眼未來，做出有遠見的決策

成為主管後，將不再局限於一般員工的視角，而是能綜觀全局。隨著職務位階越來越高，所看見的角度也會越來越廣闊。

靠得太近，反而無法掌握事物的全貌；如果從高處俯瞰，視野會更開闊。在組織中也是如此，隨著升遷，視野也會隨之改變，看得更遠。同時，需要關注的重點也會有所變化。剛晉升的新手主管，可能會因為不熟悉角色而缺乏自信，只關注眼前的事物。這種情況下，應該抱持怎樣的觀點呢？

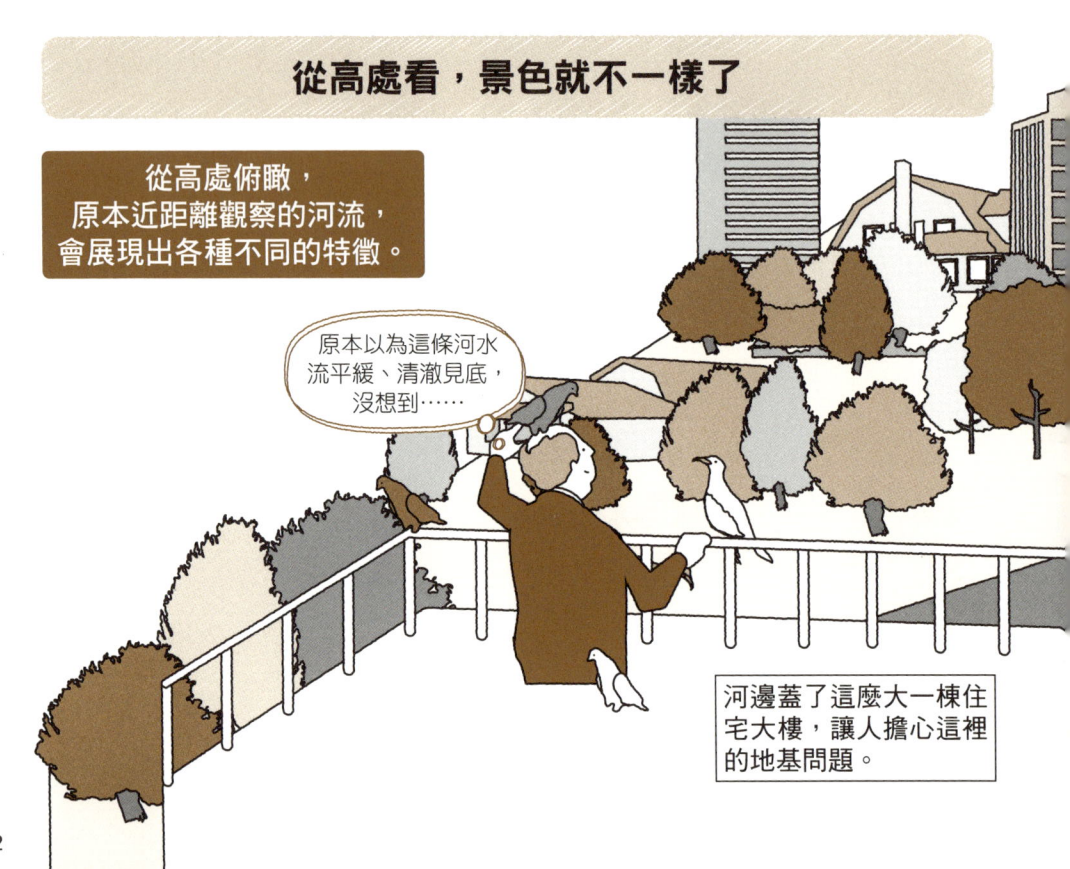

從高處看，景色就不一樣了

從高處俯瞰，原本近距離觀察的河流，會展現出各種不同的特徵。

原本以為這條河水流平緩、清澈見底，沒想到……

河邊蓋了這麼大一棟住宅大樓，讓人擔心這裡的地基問題。

對於新手主管來說，**擁有放眼未來的觀點至關重要**。別再像一般員工只關注當下，**要善用更寬廣的視野，把眼光放於未來**。比起一味放任部屬，導致業績下滑，不如適時拿出魄力，嚴格要求。雖然短期內可能會引起不滿，但如果能因此提升團隊績效，取得好成果，才是更明智的選擇。長遠來看，優異的業績表現絕對會為你贏得更高的評價。

主管應該抱持什麼樣的觀點？

主管要用預測「未來」的觀點來管理團隊。

這條河從高山上流下來，還要多留意山上的天氣。

這條河蜿蜒曲折，如果遇到暴雨導致河水暴漲的話，可能會很危險。

沒想到這裡有這麼多的稻田和旱田。農民要應對水災想必很不容易。

在組織中，職位越高，視野就越寬廣，能看得更遠。例如，身為社長，不僅要關注同業競爭對手，還需留意其他產業的動態，甚至放眼全球市場。

【圖解】
解決帶人問題的識學管理法

關鍵字 → ☑ 過度擔心職場霸凌

14 不必過度擔心「職場霸凌」

是否會擔心自己的言行讓部屬覺得是職場霸凌呢？
別擔心，接下來會說明預防職場霸凌的實用方法。

雖然日本在 2020 年實施了《職權騷擾防治法》*，但相關諮詢案件卻不減反增。主管仗著權勢對部屬頤指氣使或指派過多工作，這種行為當然不可取。**但如果主管因為太怕被說是「職場霸凌」，反而不敢好好指導部屬、糾正錯誤，那對公司來說也是一大損失！**

* パワハラ防止法，在日本稱為「職權騷擾」，台灣習慣稱作「職場霸凌」。

一切都照規定，平靜以對即可

社會規範是維繫秩序的基石。因為有了交通規則，我們才能安心過馬路；試想，如果沒有規則，社會將陷入一片混亂，交通事故頻傳。

- 可以說，正是因為建立規則，才維護了社會的秩序。

對於過度擔心職場霸凌的主管來說，本書中所介紹的團隊管理方法，是最有效的解決方案。**主管應該避免情緒化，秉持客觀公正的態度，依據既定的規則管理團隊**。在親子、朋友關係中，情緒往往是導致衝突的根源；但在公司內部，只要上下關係受到明確規範，比較不會發生情緒失控的問題。

心平氣和面對不遵守規定的人

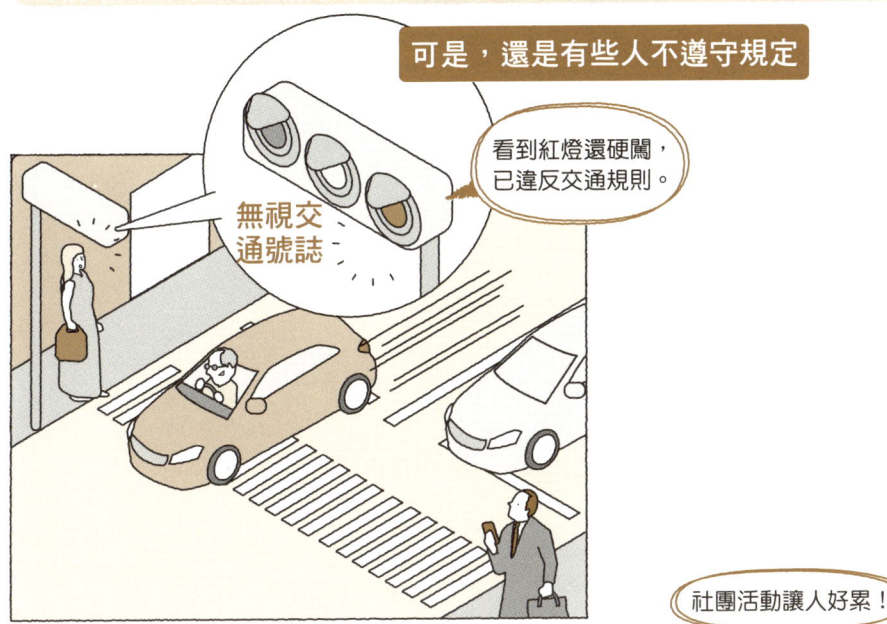

可是，還是有些人不遵守規定

看到紅燈還硬闖，已違反交通規則。

無視交通號誌

社團活動讓人好累！

腳踏車雙載

反正很近，一下子就到了！

遇有這些狀況時，只要心平氣和地告訴對方，闖紅燈已經違反《道路交通法》。同樣地，在公司內部，對於不遵守規定的部屬，應該不帶任何情緒，直接指出對方的錯誤行為。

第 1 章　一流主管必備的人設與心態

45

【圖解】
解決帶人問題的識學管理法

關鍵字 → ☑ 孤獨的角色

15 優秀的主管不怕孤獨

就算沒受到部屬邀約一起聚餐，也不必感到沮喪。
主管本來就是孤獨的角色，這是很正常的。

在**階級制度的組織中，隨著升遷，孤獨感也會隨之增加。尤其是身為經營者，更是最孤獨的角色**。他們必須在背負公司的責任，在這樣的壓力下，不斷做出重大決策。正因為這些決策的重要性，他們往往需要獨自面對。許多人在成為主管後會感到孤獨，但千萬不能因為寂寞就試圖與部屬建立朋友關係。

過於和藹可親，不適合當主管

校園場景

剛進公司的社會新鮮人，多少還有學生心態，或許問題不大。但如果成為主管，還抱持這種心態，不僅對團隊成員沒幫助，也無法有效管理團隊。

今天放學也去唱KTV吧！

好的，沒問題！

嘰哩呱啦

上課鐘聲響了！真拿你們沒辦法……快考試了，要好好念書啊！

雖然老師很囉嗦，但人還滿好的……

主管不是和藹可親的老師！

46

如果主管無法忍受孤獨,而跟部屬建立朋友關係,會發生什麼事?上下關係的界線會變得模糊,團隊的緊張感也會消失。接著,工作無法順利進行,業績也會跟著下滑。因此,**成為主管後,必須割捨與部屬的友誼,保持適當距離**。即使減少交流而感到孤獨,但優秀主管可以克服這種寂寞,並做出績效。

主管應該成為嚴厲的補習班老師

補習班場景

主管雖然孤獨,但……

> 暑假結束了,第二學期是大考的衝刺時期!少說廢話,專心讀書!

> 那個老師很嚴厲,讓人好緊張……

靜~

主管要當個嚴厲的補習班老師!

和樂融融

如果需要朋友,可以在工作以外的地方尋找。要認清公司不是交朋友的地方。

【圖解】
解決帶人問題的識學管理法

關鍵字 → ☑ 保持距離

16 跟部屬保持距離，才能維持公平

由於受到新冠疫情的影響，遠距工作已成為常態，這讓大家學會如何「保持距離」。

身為主管，與部屬保持適當距離是必要的。 過於親近可能導致團隊成員質疑你是否客觀公正。此外，讓員工感受到公司的公平，對公司整體發展也至關重要。雖然做到真正的公平對待並不容易，但主管應該在與部屬互動時，時刻謹記並努力保持客觀。

人與人之間，距離太近，就容易產生情緒

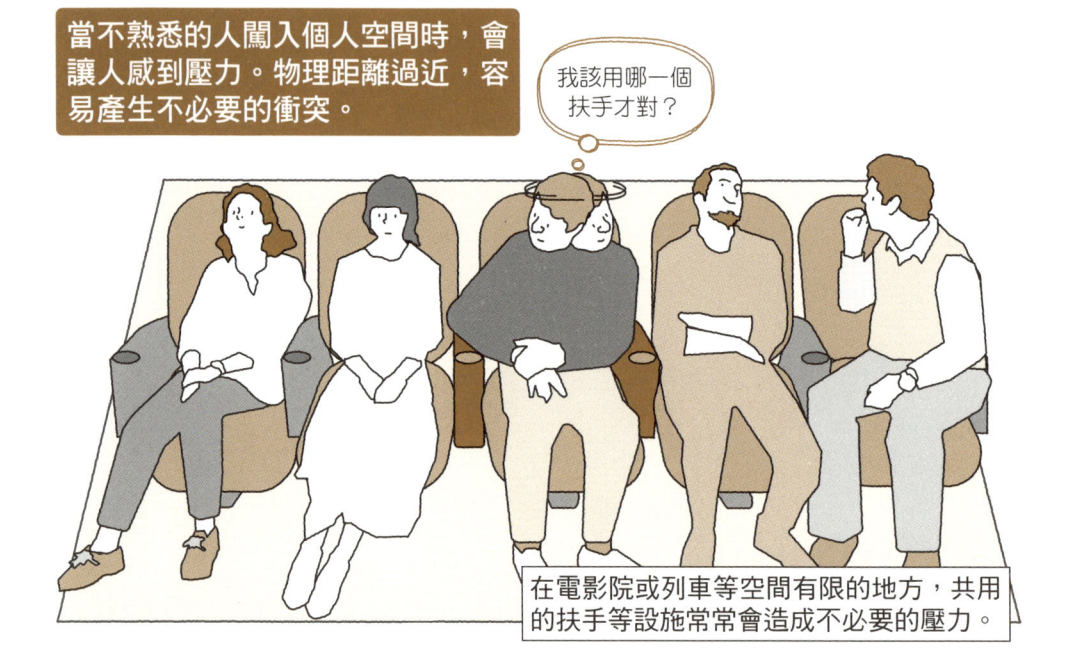

當不熟悉的人闖入個人空間時，會讓人感到壓力。物理距離過近，容易產生不必要的衝突。

我該用哪一個扶手才對？

在電影院或列車等空間有限的地方，共用的扶手等設施常常會造成不必要的壓力。

主管與團隊成員關係過於親密,有時會衍生出麻煩的派系問題。倘若主管對公司高層心懷不滿,還可能煽動成員,使整個團隊對高層產生敵意,進而對組織造成不良影響。**主管的職責是遵從上級指示,按照公司規定來管理團隊。**主管應當謹記自身職責,並切實履行。

依規定保持距離

與團隊成員關係密切的主管,對社長的不滿日益加深……

> 社長的指示,有些部分我實在很難遵從……

> 我覺得社長的做法太霸道了。

> 讓團隊成員都對社長產生敵意!

> ○○哥,您說得沒錯!

> 形成反社長的勢力,造成公司內部分裂。

哼!

> 如果不接受我們的條件,我們都做好全體離職的心理準備!

在這種情況下,應當根據公司內部規定做出判斷。可以直接告訴對方:「如果不遵守規定,那就離職。」同時,也要明確表示:「如果不辭職,就必須遵守規定。」

> 他竟然提出這麼不合理的條件!

第 1 章　一流主管必備的人設與心態

【圖解】
解決帶人問題的識學管理法

關鍵字 → ☑ 制定規則

17 制定規則，是主管最重要的職責

「凡事隨心所欲」反而會讓人感到壓力一樣，適當的規則有助於實現順暢的管理。

聽到「規則」二字，或許會讓人聯想到行動受限、自由被剝奪。然而，一個沒有規則的世界將淪為三不管地帶。國家因為有法律的規範，才能維持秩序，讓我們安心生活。組織也是如此，為了讓工作順利進行，規則是不可或缺的。接下主管的重責大任後，首要思考的目標就是**制定規則**。

沒有規定的自由，反而讓人感到壓力

- 聽到「隨心所欲」，反而會因為沒範圍，讓人備感壓力

> 嗯……聽到「自由發揮」反而會覺得傷腦筋。或許我該問問朋友的意見。

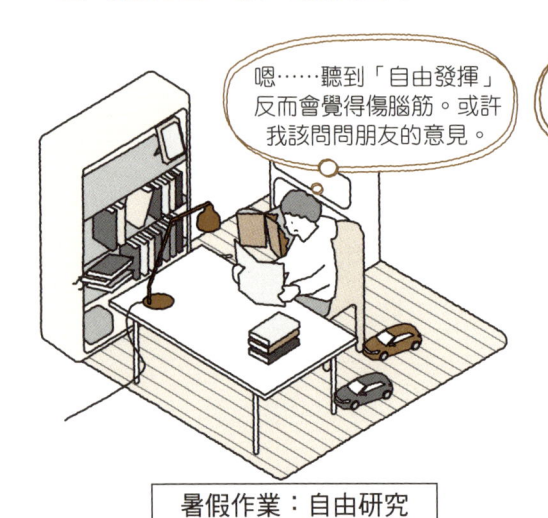

暑假作業：自由研究
（主題自訂）

- 有適當的規定（規則），壓力就會減輕

> 這次的自由研究，只要跟食物有關就可以了！

> 來研究我最愛的蕈菇類！

有了規則，就有了判斷的基準，做決定也就更容易了。好的規則，能讓人輕鬆自在。

在制定規則時，主管需要注意的是避免設有例外。為了確保前文提到的「客觀公平」，應盡量避免摻雜個人情感。如果因為「與某某人合得來，就睜一隻眼閉一隻眼」而有差別待遇，團隊將會逐漸崩毀。**因此，重要的是建立基於規則，而非情感的關係。**

規則不容許有差別待遇！

嚴禁在規則中摻雜情感

> A 組員的績效不錯，他遲到就睜一隻眼閉一隻眼吧！

> B 組員是團隊的王牌，雜事交給其他人做吧！

> 我就是跟 C 組員合不來。同樣的錯誤，我卻對他特別嚴厲。

> 剛轉職進來的 D 組員，就讓他沿用前一家公司的作法吧。

差別待遇會導致團隊崩毀

> 別人沒事，為什麼就我被罵？

> 這個嘛……

如果法律允許例外，可能會引發動亂。團隊規則也一樣，必須抱持著同樣嚴肅的態度貫徹執行。

【圖解】
解決帶人問題的識學管理法

關鍵字 → ☑ 內容合理與否

18 不必看人臉色，打造舒適職場

如果規則因人而異，那就不能稱為明確的規則，
只會讓部屬疲於揣測主管的臉色。

在制定團隊內部規則時，應確保每個人都能理解，並且沒有誤解或曲解的空間。如果規則不夠明確，而是使用「常識範圍內」等模糊的措辭，將會造成執行上的困難。最終，規則的運用還是會取決於主管個人的主觀判斷，導致部屬不得已要揣測主管的意圖，觀察當下的情緒反應。相反地，**如果規則內容明確，遵守起來也會更輕鬆。**

自由的公司文化，真的好嗎？

• 在某家新創公司的說明會上

我們公司的平均年齡很年輕，公司文化很自由，上下關係扁平，可以在工作中盡情發揮創意……

自由的公司文化啊感覺很棒耶……

經過多次面談後，他終於如願以償進入這家公司任職。

完善規則的組織，是專注工作的最佳環境。由於不必費心在意他人的臉色，因此不會產生情緒糾葛或人際關係緊張的問題。如果在工作中經常感到壓力，可能是因為規則不明確或內容不恰當所造成的。**制定規則後，別忘了定期檢討是否合理！**

自由的不是公司文化，而是「主管的裁量標準」

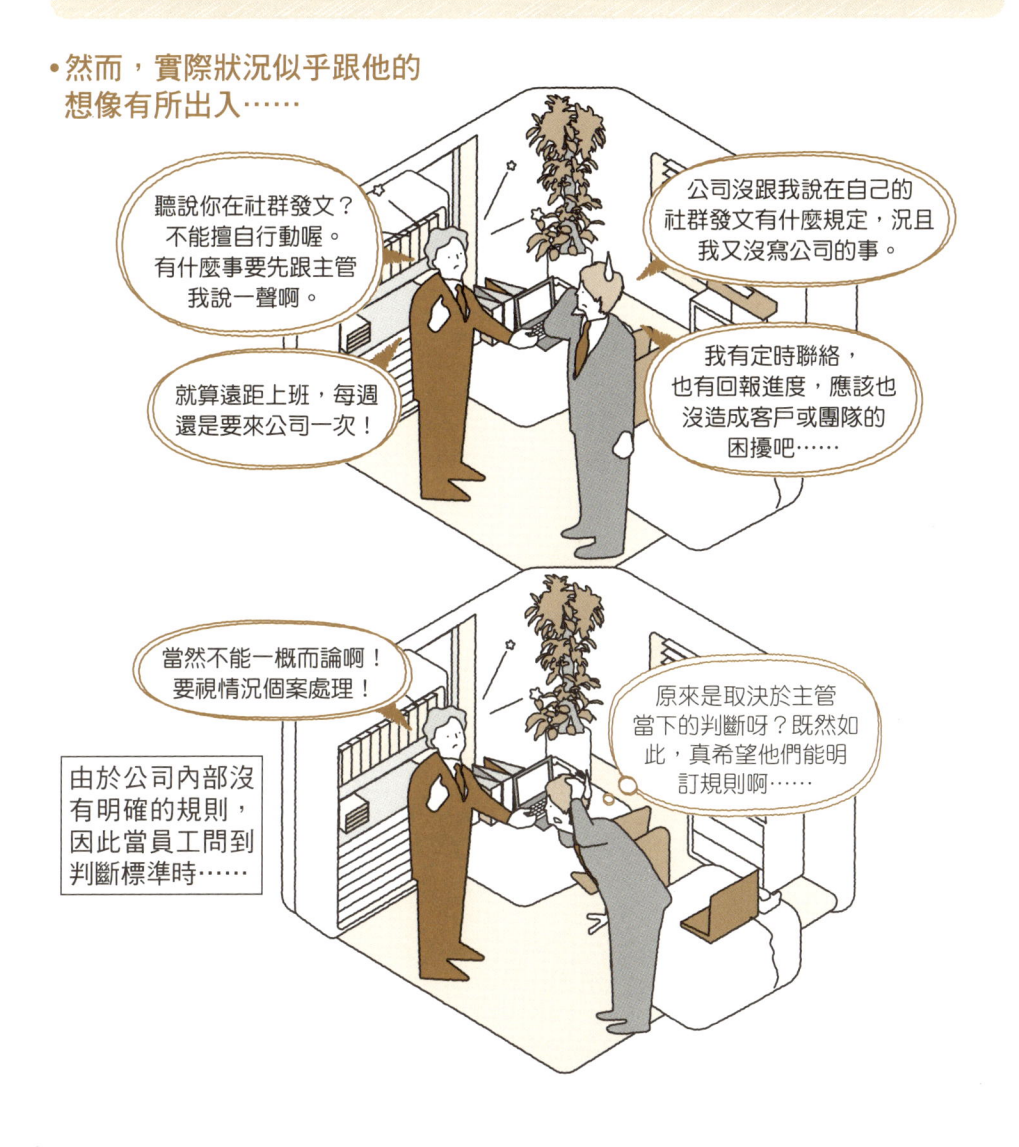

- 然而，實際狀況似乎跟他的想像有所出入……

> 聽說你在社群發文？不能擅自行動喔。有什麼事要先跟主管我說一聲啊。

> 就算遠距上班，每週還是要來公司一次！

> 公司沒跟我說在自己的社群發文有什麼規定，況且我又沒寫公司的事。

> 我有定時聯絡，也有回報進度，應該也沒造成客戶或團隊的困擾吧……

> 當然不能一概而論啊！要視情況個案處理！

由於公司內部沒有明確的規則，因此當員工問到判斷標準時……

> 原來是取決於主管當下的判斷呀？既然如此，真希望他們能明訂規則啊……

第 1 章　一流主管必備的人設與心態

【圖解】
解決帶人問題的識學管理法

關鍵字 → ☑ 事物的本質

19 搞錯問題本質，無法做出正確判斷

如果過於在意與部屬的人際關係，
擔心溝通不足或被討厭，就容易忽略問題的本質。

如果部屬抱持著「因為喜歡這個人，所以願意聽從他的指示」的想法，身為主管的你或許會感到高興。但反過來說，這也意味著，一旦部屬不喜歡你，他們可能就不會再聽從你的指示。**如果上下級之間的從屬關係建立在個人喜好上，對組織來說絕非好事。**這種將情感作為行動依據的情況，正是職場人際關係問題的根源。

對團隊造成負面影響的類型

> 我們團隊好像做了很多白費力氣的事……

> 公司都不覺得太制式僵化嗎？

團隊、社群

・喜歡批評團隊或公司的人，通常對自己的能力過於自信，容易破壞團隊和諧

就像不應該憑個人喜好來評價主管一樣，扭曲事物的本質也會導致無法做出正確判斷。舉例來說，曾有位主管誤以為業績不佳是因為與部屬溝通不良所致。然而，達成業績與溝通能力之間並沒有明確的因果關係。在這種情況下，正確的做法是按照既定的規則來管理。

什麼才是主管應有的態度？

面對這類型的部屬，主管更要堅定立場，要求他們遵守規則！

○○，請遵守團隊的規定。

好！

主管這樣苦口婆心，還是乖乖遵守一下好了。

- 在理想的狀況下，透過不斷強調遵守規則的重要性，最終將能培養員工的歸屬感。

NG 行為

放任不遵守規則的部屬。就算能力再好，也不能特別通融。

他的工作能力很強，應該不用特別提醒他吧？

裝作不知道

置之不理！

第 1 章　一流主管必備的人設與心態

【圖解】
解決帶人問題的識學管理法

關鍵字 → ☑ 打造穩定的環境

20 跑在團隊最前面，不是主管的職責

主管要隨時提醒自己，打造一個穩定的環境，
讓團隊成員了解自己該做的事，並能創造出績效。

主管的職責之一，就是為團隊成員打造一個能夠相互切磋、共同成長的**穩定環境**。創造並管理這樣的環境，是主管的重要工作之一。關鍵在於，讓部屬理解並自動自發執行自己的工作，並在過程中成長，最終達成目標。如果團隊中有成員無法達成目標，主管不應該親力親為、手把手教導，而是應該引導他們自行思考解決之道。

讓優秀部屬帶頭衝鋒

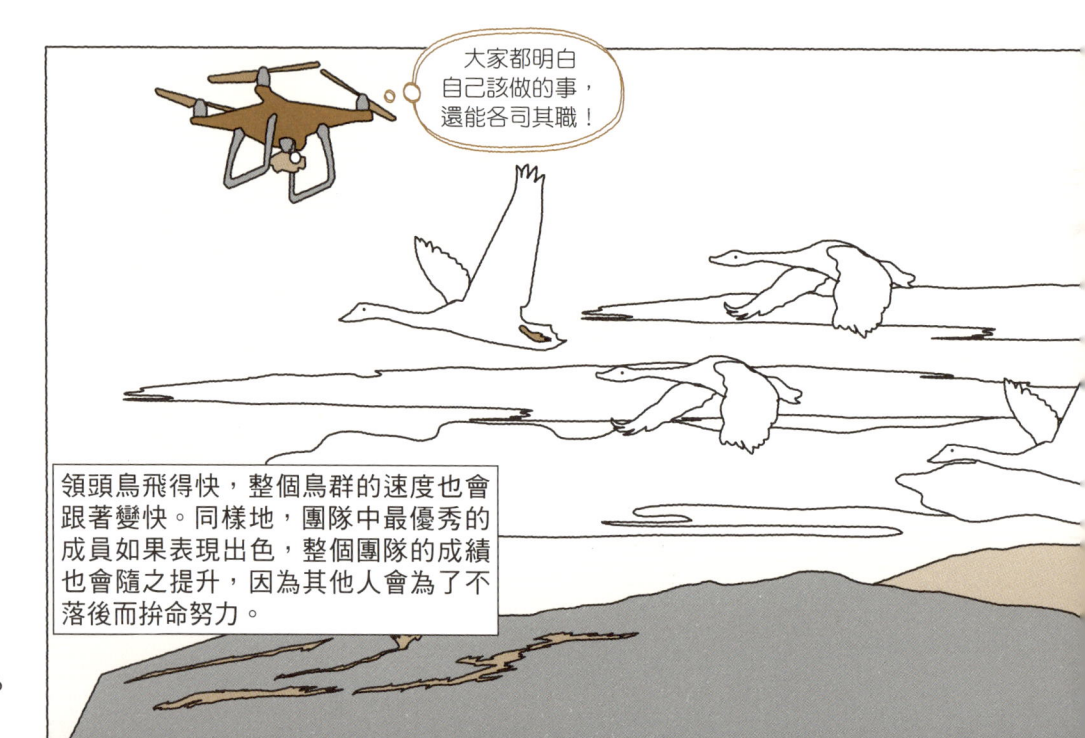

> 大家都明白自己該做的事，還能各司其職！

領頭鳥飛得快，整個鳥群的速度也會跟著變快。同樣地，團隊中最優秀的成員如果表現出色，整個團隊的成績也會隨之提升，因為其他人會為了不落後而拚命努力。

成長團隊的特色，就是當有人站出來帶頭，其他成員也會跟著成長，帶動整體水準。為常保這樣的最佳狀態，為了維持這種最佳狀態，主管切忌親自衝鋒陷陣。**身為主管，不應將精力放在「成為頂尖執行者」上，而是應該站在能綜觀全局的位置，負責指揮全體成員。**

主管應該專注於管理

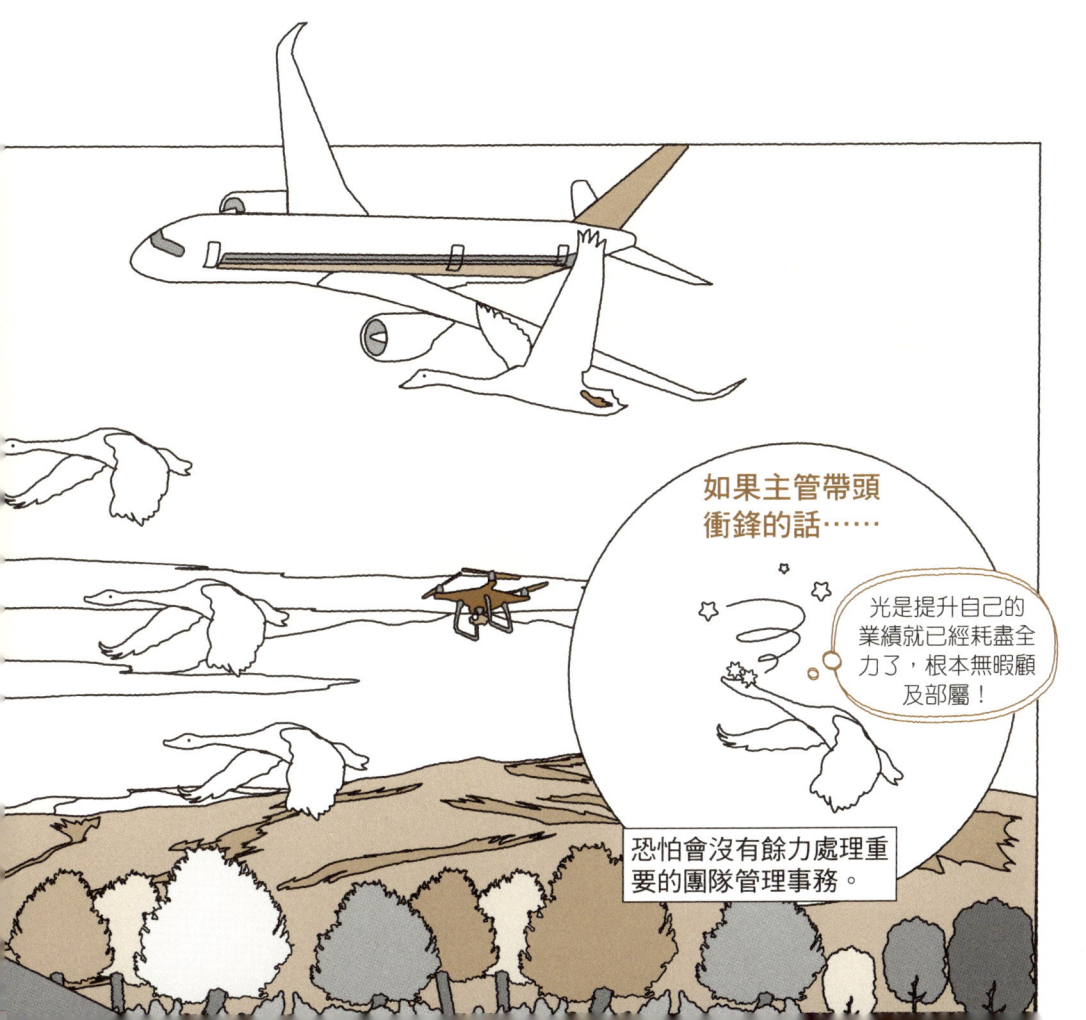

如果主管帶頭衝鋒的話……

光是提升自己的業績就已經耗盡全力了，根本無暇顧及部屬！

恐怕會沒有餘力處理重要的團隊管理事務。

【圖解】
解決帶人問題的識學管理法

關鍵字 ➡ ☑ 適應組織的能力

21 提供成長機會，帶動團隊水準

思考如何從部屬彼此能力有落差的狀態，
讓他們透過經驗累積，提升實力，帶動團隊整體的水準。

　　一般上班族的工作，在學會一定程度的技術之後，就不會有太明顯的個別差異了。儘管在新人時期可能會因為是不是有工讀經驗，而有些落差，但隨著社會經驗的累積，眾人的能力會隨之上升，達到趨近一致的水準。在這個過程中，眾人為了進步第一而打拚，有助於提升公司內部整體的實力。而推動這項**讓整體實力提升的工作，就是主管的職責**了。

能力落差沒有想像中那麼大

某客服中心業績分析結果

只要多累積經驗，能力就會趨於一致

即使員工在新人時期的個別技能落差較大，日後可透過慢慢累積經驗而成長。就算一開始稍微落後，仍有可能贏得第一。只要團隊整體實力提升，所有成員的成長也會加速。

是的，沒錯。
這裡是……
這樣啊？
我重複一次……
不好意思……
非常抱歉

某公司從其他公司挖角了許多優秀員工，試圖進軍新領域，卻以失敗告終。失敗的原因在於，挖角時沒有考慮到這些人**適應組織的能力**。適應力差的人才，到了新環境便無法發揮實力。**面對其他公司的優秀人才，不是出高薪挖角他們，而是要懂得準備能讓人成長的舞台，幫助他們提升自我，才是關鍵。**

只要有能讓人成長的舞台，人就會成長

轉換跑道的情況

薪水會變少啊！

一開始，薪資會比你前一份工作低，可以接受這樣的條件嗎？

我們會提供明確的加薪條件。只要達成目標，一年後薪資就能達到前一份工作的水平。當然，如果績效好，還有加薪機會會更多。

原來是一家會讓我成長的公司！

一開始將薪資設定得比前一份工作低的原因

因為希望引導員工成長，所以一開始提供的薪資會比前一份工作低。以此為起點，透過不斷達成目標，員工的薪資和能力都能得到提升。主管為部屬提供成長的機會也很重要。

【圖解】
解決帶人問題的識學管理法

關鍵字 → ☑ 累積努力

22 看不見，卻能感受部屬的成長

透過設定目標並督促執行，讓部屬累積經驗，從中觀察他們微小的變化與成長。

部屬的成長往往難以從表面察覺，如果能從他們自信的態度和言行中發現變化，感受到他們的成長，那就是身為主管最大的欣慰。另外，公司中常見的改組和人事異動，雖然能帶來顯而易見的變化，但如果只是單純實施這些措施，組織本質並不會改變，反而容易讓人產生改善的錯覺，因此不應太常異動。

不能只是感覺「有改變」

網站改版

> 好耶！感覺很棒。這樣一來訂單就會源源不絕啦！

別只關心看得到的變化！

是否以為只要網站全新改版，業績就會大幅提升？如果只在意看得到的變化，會誤判真正的目標（營收）。

組織改組或人事異動，都只是調動人員，後續如果沒有累積努力，就很達成好績效。當然，部屬應該努力工作，取得成果，這與那些表面的變化無關。沒有每天腳踏實地的努力，就不會有顯著的成長。主管需要為部屬設定明確的目標，並督促他們執行，讓他們在過程中累積經驗。

平時努力很重要

工作或馬拉松，都是累積點點滴滴的努力，才能腳踏實地獲得的正的改變。

再努力一下吧！

呼、呼

持續不懈的努力

如同馬拉松選手，為了縮短一分鐘的成績，日復一日地堅持訓練，工作中點滴的付出也能累積成巨大的成果。

【圖解】
解決帶人問題的識學管理法

關鍵字 → ☑ 釐清說話者的立場

23 不以模糊的立場逃避責任

即使缺乏自信或對部屬太過客氣，
身為主管，也別忘了以「我」的立場傳達資訊！

制定規則時，「不模糊主詞」至關重要。雖然中文的特色是可以省略主語，但正因如此，更應該明確指出說話者是誰。**既然由主管思考並制定規則，就必須負責傳達給部屬。不只是規則本身，主管在口頭說明時，也應避免使用模稜兩可的說法。**

主管不該使用的說話方式

省略「我」的說話方式是不行的！

- 我們公司的員工都會提早 5 分鐘到公司……
- 這種時候，通常不是應該保持沉默嗎？
- 部長很囉嗦，趕快把事情做完！
- 交辦給你的那件事還好嗎？
- ……

62

此外，也要**注意避免使用「我覺得○○比較好」、「應該是○○吧」等推卸責任的說法**。不負責的主管難以獲得部屬的信任，即使做出指示或提出建議，部屬也未必會真心服從。這種推卸責任的說話方式，在新手主管身上尤其常見。為了成為受部屬尊敬的主管，請務必養成以「我」為主詞的說話習慣。

如果繼續用推卸責任的說話方式……

- 失去部屬的信任
- 部屬會認為「你和我們地位相同」

跟著那種主管，感覺不太會成長啊……

用那種說話方式，表示他和部屬是同樣地位的嘛！

萌生不信任！

總之就是「被瞧不起」！

- 結果被認定是個「沒用的主管」

因為新手主管還沒擺脫一般員工的心態，所以往往特別容易用這種表達方式。請務必多加注意，養成使用明確主詞的表達習慣。

團隊管理失敗！

第 1 章　一流主管必備的人設與心態

專欄 ❶

老闆，是公司裡最孤獨的角色

　　如前文第 15 章節所述，為了促進組織成長，主管必須保有孤獨的特質。這是因為主管的首要目標不是與部屬建立良好關係，而是帶領團隊取得卓越成果。

　　對於掌管公司大局的老闆來說，更是如此。**在組織中，隨著職位越高，越需要與部屬保持適當距離**。換言之，無論是老闆還是中階主管，都應該注意這一點。

　　如同中階主管一樣，老闆也不應該對員工的工作方式指手畫腳。如果老闆養成事必躬親、對員工下達瑣碎指示的習慣，部屬將會停止思考，對工作失去責任感。最終，這將導

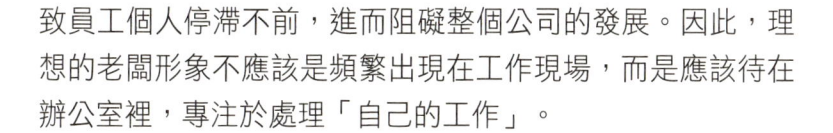

致員工個人停滯不前，進而阻礙整個公司的發展。因此，理想的老闆形象不應該是頻繁出現在工作現場，而是應該待在辦公室裡，專注於處理「自己的工作」。

此外，老闆也不應該越級與基層員工談論工作、參加尾牙後的續攤、私下與員工喝酒聊天、接受他們的抱怨。有些老闆提倡「員工如同家人」的理念，但這可能只是他們逃避身為老闆所帶來的孤獨感。乍看之下，這樣的老闆似乎很關心員工，但實際上卻阻礙了公司的成長。**真正為公司著想的老闆，不會試圖成為部屬心目中的好老闆，而是會跟所有員工保持適當距離，公平對待每一個人。**

總之，本書所闡述的原則不僅適用於中階主管，老闆也應當身體力行。老闆會感到孤獨是很正常的事。相反地，如果主管不覺得孤獨，可能意味著組織內部存在一些問題。

第 2 章

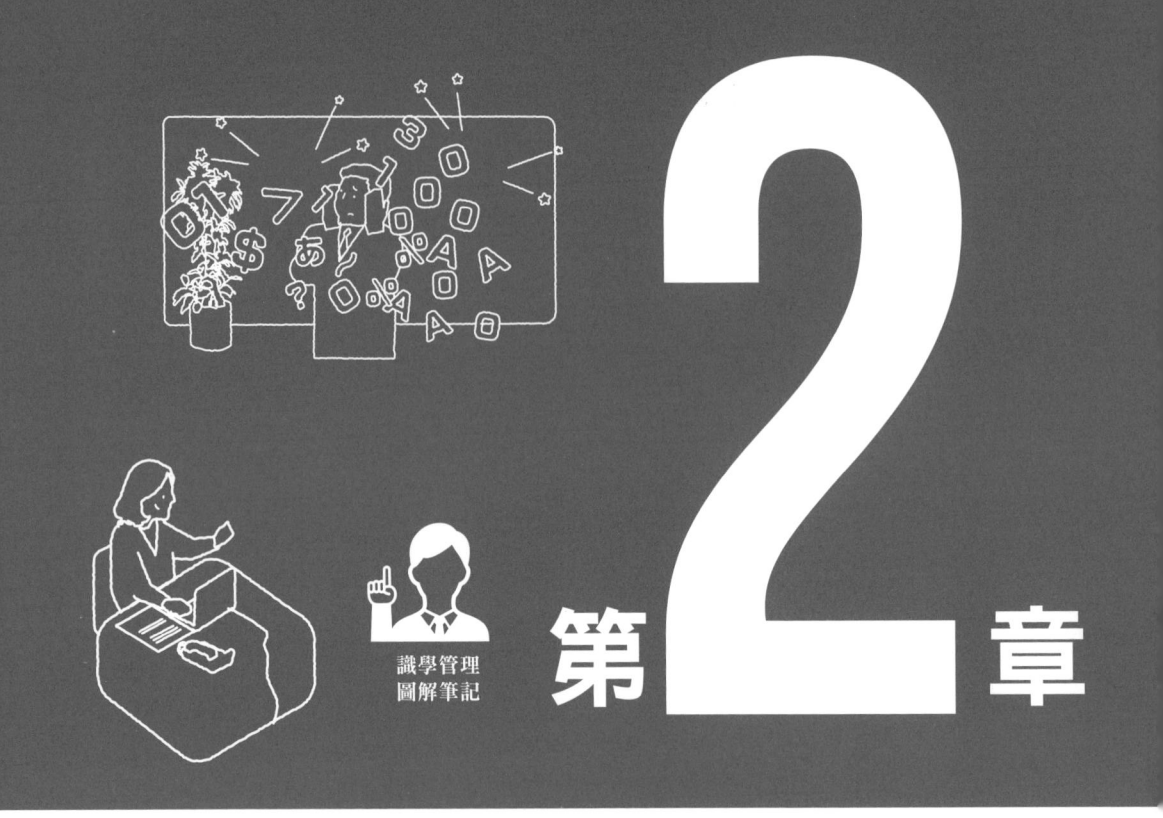

高效管理部屬的實用技巧

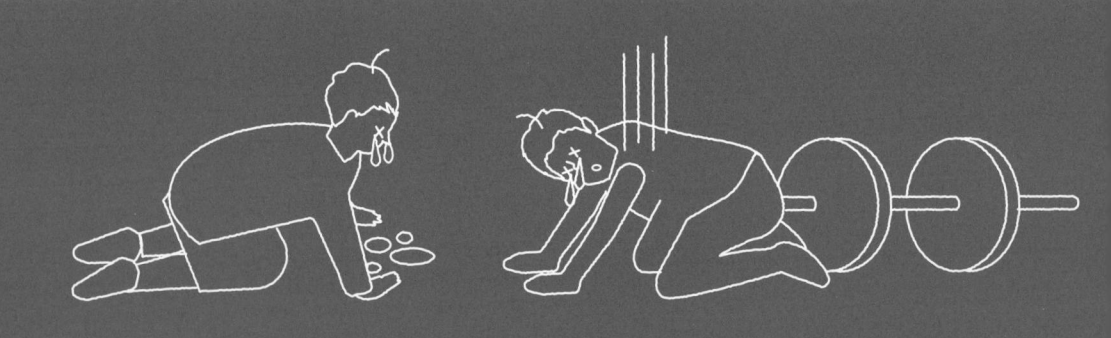

識學管理
圖解筆記

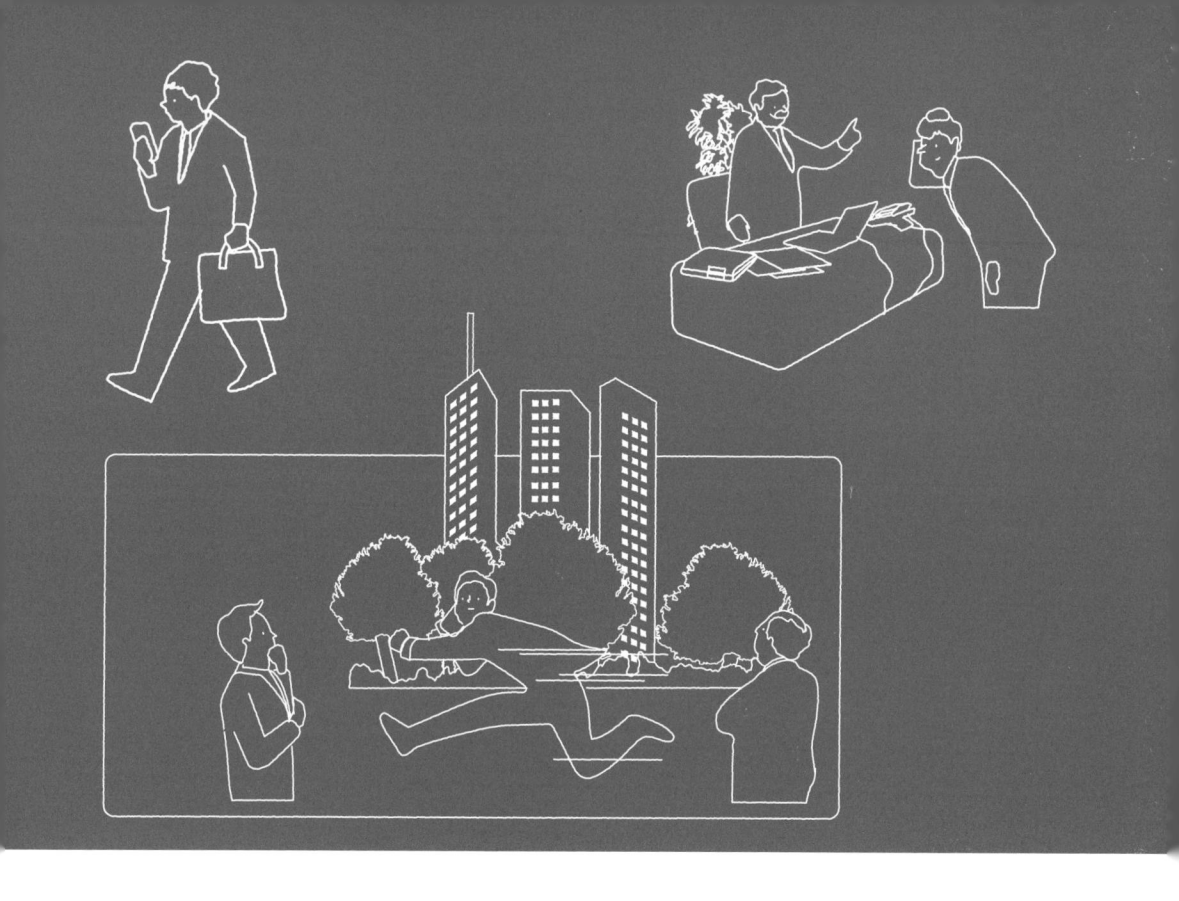

在第 1 章，了解主管該具備的心態後，接下來，會提供管理部屬的實用技巧。有些可能出於好意而做的事，實際上卻適得其反。本章將詳細說明，對部屬「應該做」和「不應該做」的事，並解釋其原因。

【圖解】
解決帶人問題的識學管理法

關鍵字 → ☑ 自己所處的位置

24 讓部屬知道「考評主管」是誰

管理部屬時，讓他們了解「誰在負責考核他們的人」，是一件很重要的事。

身為主管，在管理部屬的過程中，讓部屬「清楚認知自己在組織中的角色與職責」至關重要。這也可以說是讓部屬「明白自己的績效由誰評估」。在企業等組織中，員工的薪資通常是由直屬主管決定。管理職同樣也受到上級主管的考核，而組織最高領導者的績效則是由客戶、股東等利害關係人來評斷。

了解自己在組織中的定位與角色

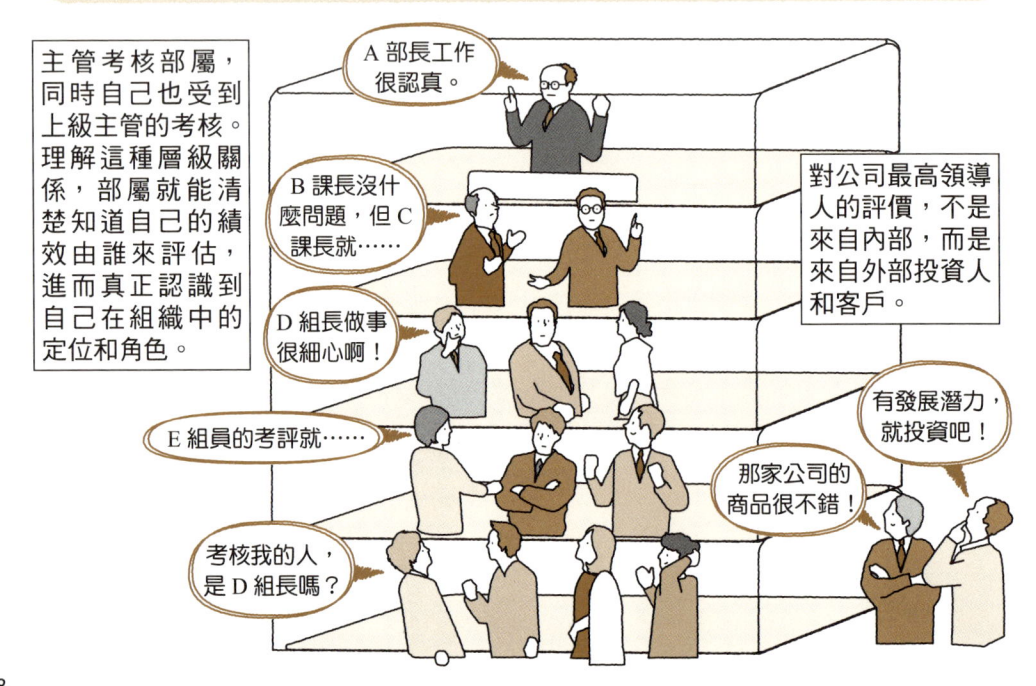

主管考核部屬，同時自己也受到上級主管的考核。理解這種層級關係，部屬就能清楚知道自己的績效由誰來評估，進而真正認識到自己在組織中的定位和角色。

A 部長工作很認真。

B 課長沒什麼問題，但 C 課長就……

對公司最高領導人的評價，不是來自內部，而是來自外部投資人和客戶。

D 組長做事很細心啊！

E 組員的考評就……

有發展潛力，就投資吧！

那家公司的商品很不錯！

考核我的人，是 D 組長嗎？

在組織內,「考評者－被考評者」的關係或許看似理所當然,但在問題叢生的組織中,這種關係往往無法順利運作。 如果主管根據個人喜好等主觀情感來評估部屬,部屬就會覺得自己沒有得到公正的評價,進而產生不滿。 主管應該公平對待每位成員,並根據事實做出考核。

主管不應該靠心情考評部屬

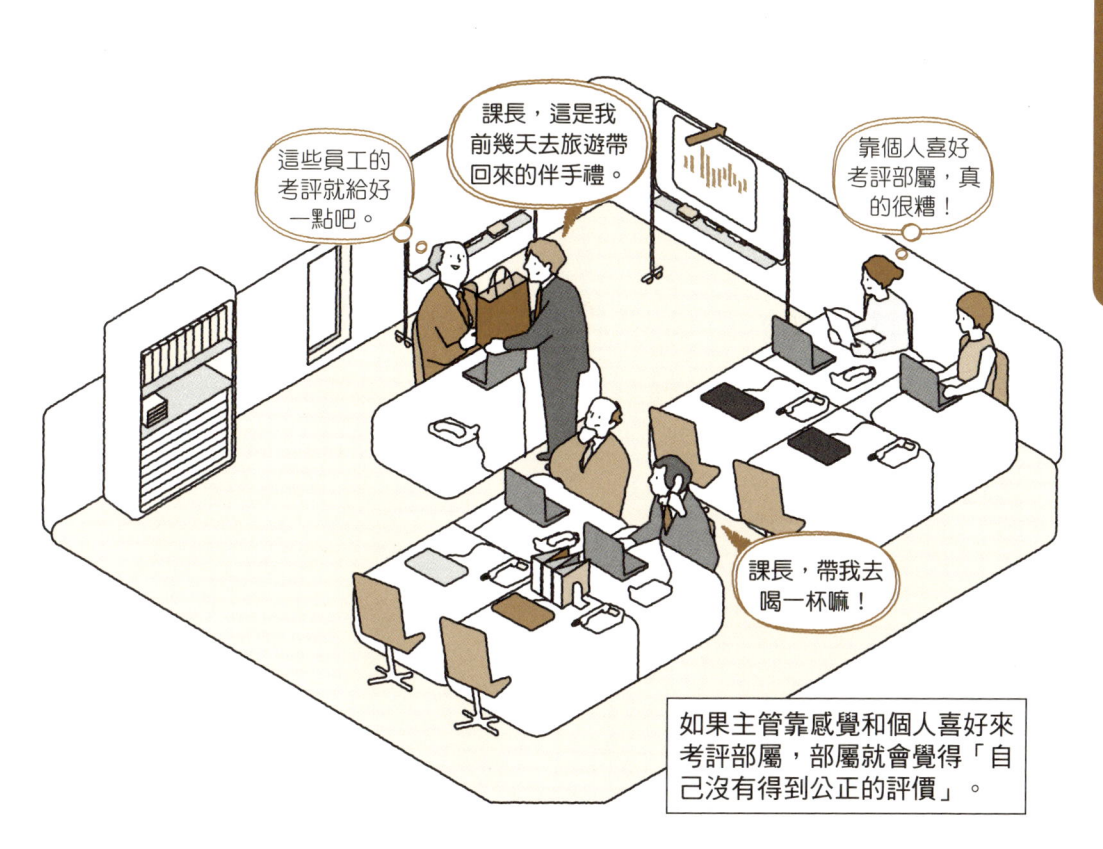

第 2 章 高效管理部屬的實用技巧

這些員工的考評就給好一點吧。

課長,這是我前幾天去旅遊帶回來的伴手禮。

靠個人喜好考評部屬,真的很糟!

課長,帶我去喝一杯嘛!

如果主管靠感覺和個人喜好來考評部屬,部屬就會覺得「自己沒有得到公正的評價」。

【圖解】
解決帶人問題的識學管理法

關鍵字 → ☑ 下達指示，並負起責任

25 指派工作是「要求」，而非「請求」

有些主管為了避免給人高高在上的感覺，會用請求的方式對部屬下達指示，但這樣會導致責任歸屬不明確，並不是個好做法。

　　有些主管為了讓部屬覺得自己和善，會用「這份資料可以請你幫忙整理一下嗎？」這種請求方式下達指示。但這種做法混淆了主管和部屬的角色定位。用「可以嗎？」「可以請你幫忙嗎？」這類請求的語氣，等於把「做或不做」的決定權交給了部屬，責任歸屬也變得模糊。責任應當由主管承擔。

「拜託」的方式讓責任歸屬變模糊

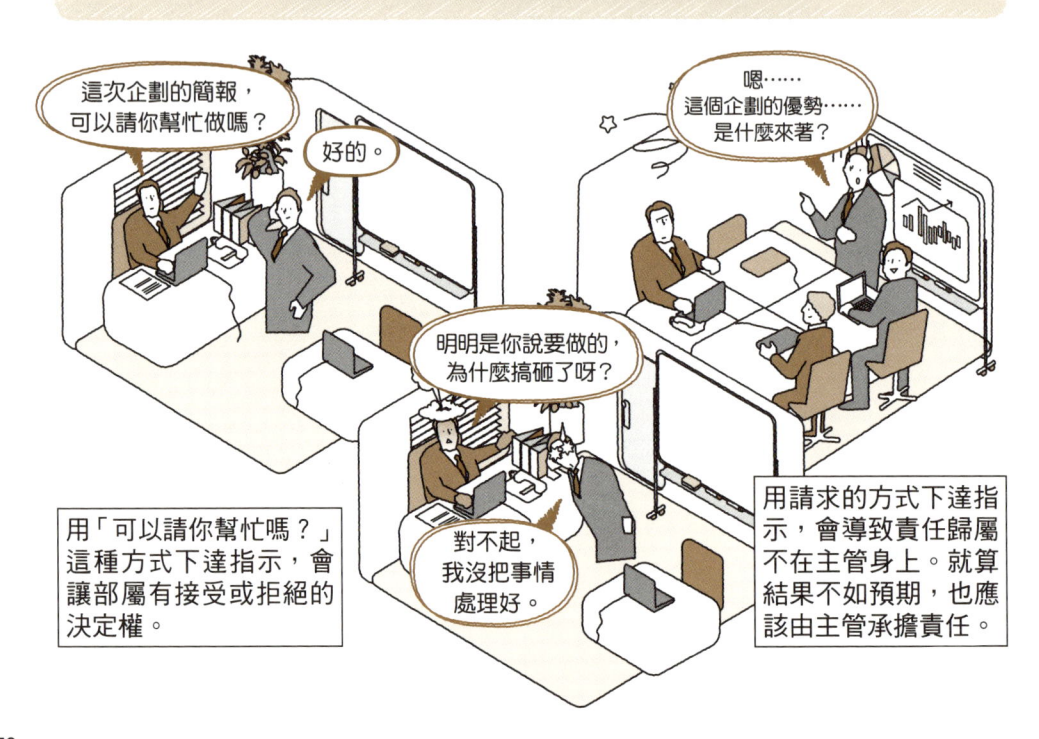

> 這次企劃的簡報，可以請你幫忙做嗎？

> 好的。

> 嗯⋯⋯這個企劃的優勢⋯⋯是什麼來著？

> 明明是你說要做的，為什麼搞砸了呀？

> 對不起，我沒把事情處理好。

用「可以請你幫忙嗎？」這種方式下達指示，會讓部屬有接受或拒絕的決定權。

用請求的方式下達指示，會導致責任歸屬不在主管身上。就算結果不如預期，也應該由主管承擔責任。

習慣用請求方式下達指示的主管，往往會向部屬承諾回報。例如：「這次麻煩你，下次就換別人」、「這次就拜託你了，下次請你吃飯」……總是會提出一些交換條件。**主管本來就應該依照公司規定，負責指派任務，不需要提供額外的回報。**幫助團隊提升績效，才是對部屬真正的回報。

對部屬下達的「指示」，不需要請客

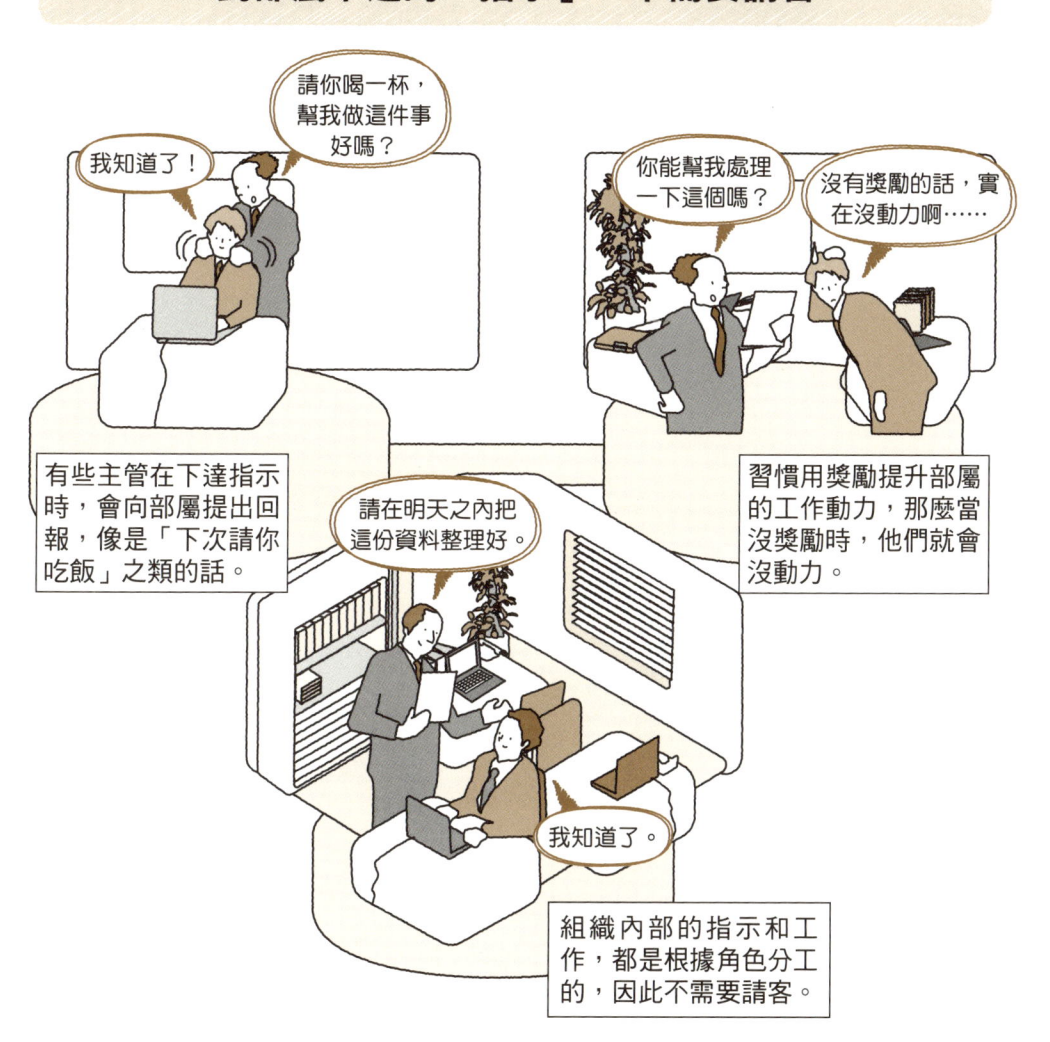

請你喝一杯，幫我做這件事好嗎？

我知道了！

你能幫我處理一下這個嗎？

沒有獎勵的話，實在沒動力啊……

有些主管在下達指示時，會向部屬提出回報，像是「下次請你吃飯」之類的話。

習慣用獎勵提升部屬的工作動力，那麼當沒獎勵時，他們就會沒動力。

請在明天之內把這份資料整理好。

我知道了。

組織內部的指示和工作，都是根據角色分工的，因此不需要請客。

【圖解】
解決帶人問題的識學管理法

關鍵字 → ☑ 肯定的語氣

26 下達指示時，要用「肯定語氣」

主管對部屬下達指示時，應使用肯定句，明確表明責任歸屬。

前文提到，主管不應以請求的方式對部屬下達指示。那麼，究竟該以何種形式下達指示呢？主管應使用肯定的語氣。例如：「請於明天下午1點前把資料整理好。」「這件事交給○○負責，請在下週一向我報告進度。」就像這樣，**以肯定的語氣向部屬傳達指示。**

指示的方法錯誤，會讓部屬感到困惑

這項工作，可以請你幫忙處理嗎？

你們可以按照自己的想法去做。

這項工作的進行方式，我該找誰商量？

課長是不是對這項工作沒興趣？

主管出於好意，將工作全權交給部屬，反而會讓部屬不清楚責任歸屬，主管也沒有盡到管理的責任。

當主管開口不是請求,而是用肯定的語氣來下達指示時,或許有些人會感到心理抗拒,覺得「我幹麼要聽你的!」然而,主管其實不需要擺出高高在上的態度。用肯定的語氣,只是為了明確表示「責任由我這個主管來承擔」。**主管妥善運用肯定的語氣,部屬才不會感到困惑,進而提升整個團隊的工作效率。**

使用肯定語氣,團隊運作更順暢

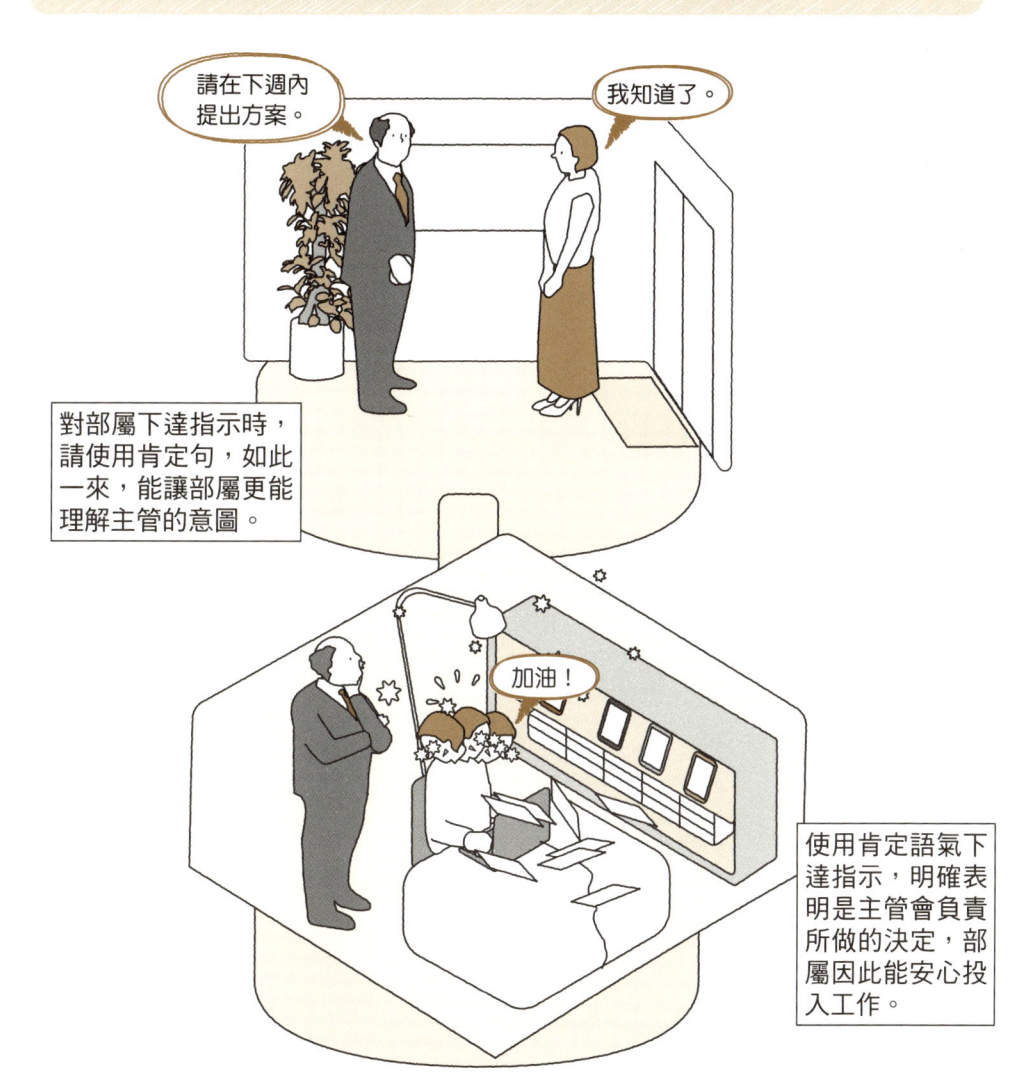

請在下週內提出方案。

我知道了。

對部屬下達指示時,請使用肯定句,如此一來,能讓部屬更能理解主管的意圖。

加油!

使用肯定語氣下達指示,明確表明是主管會負責所做的決定,部屬因此能安心投入工作。

第 2 章　高效管理部屬的實用技巧

【圖解】
解決帶人問題的識學管理法

關鍵字 → ☑ 期限

27 交辦任務，必須設立期限

主管對部屬下達指示時，常見的問題是沒有設定明確的期限。這種疏忽會導致各種問題。

缺乏管理能力的主管，在交辦工作時，經常會對部屬說：「有空的時候幫我做一下。」或是「等你手頭上的工作完成了，再做也沒關係。」**沒有明確期限的指示，會讓部屬不清楚應該在何時之前完成任務**，也可能因為不清楚自己手頭上眾多工作中，哪一項應該優先處理而感到困惑。

主管最好別問：「那件事處理得如何？」

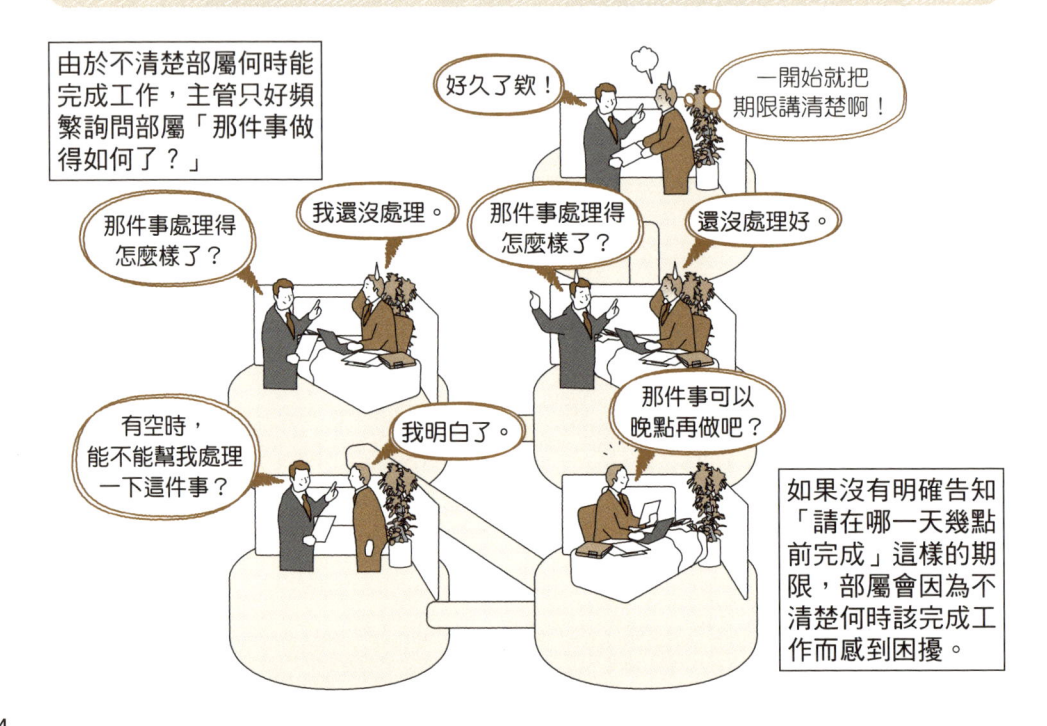

由於不清楚部屬何時能完成工作，主管只好頻繁詢問部屬「那件事做得如何了？」

- 那件事處理得怎麼樣了？
- 我還沒處理。
- 那件事處理得怎麼樣了？
- 還沒處理好。
- 好久了欸！
- 一開始就把期限講清楚啊！
- 有空時，能不能幫我處理一下這件事？
- 我明白了。
- 那件事可以晚點再做吧？

如果沒有明確告知「請在哪一天幾點前完成」這樣的期限，部屬會因為不清楚何時該完成工作而感到困擾。

如果沒有設定期限,主管將無法掌握交辦工作的完成時間,而不得不主動詢問部屬「之前交代你的那件事,進度如何?」**如果無法建立「由上而下發出指示,再由下而上回報進度」這樣的流程,團隊的運作就會停滯**。若部屬表示難以在期限內完成,主管應進一步確認他們最晚何時能完成,並重新評估工作的安排。

指示由上而下,回報由下而上

這項工作請在明天之內完成。

好,我知道了。

指示

報告

好的!

交辦工作完成了,請您確認。

以「指示由上而下,完成後的回報由下而上」是基本的工作流程。設定明確的期限有助於確保這個規則得到遵守,使工作順利進行。

【圖解】
解決帶人問題的識學管理法

關鍵字 → ☑ 報聯相：報告、聯絡

28 部屬報告時，只聽事實

職場上，常用到的「報聯相」，
其實也是促進部屬成長的有效手段。

　　「報聯相」被視為職場人的基本素養，是「報告、聯絡、相談」的簡稱，也是促進業務順利進行不可或缺的溝通方式。本章節會探討報告和聯絡的部分，至於相談，將在第29章節說明。近年來，有人主張「如果重視部屬的自主性，就不需要報聯相」，然而，這種做法卻會成長比較慢的部屬跟不上進度。

不能放任部屬自己做決定

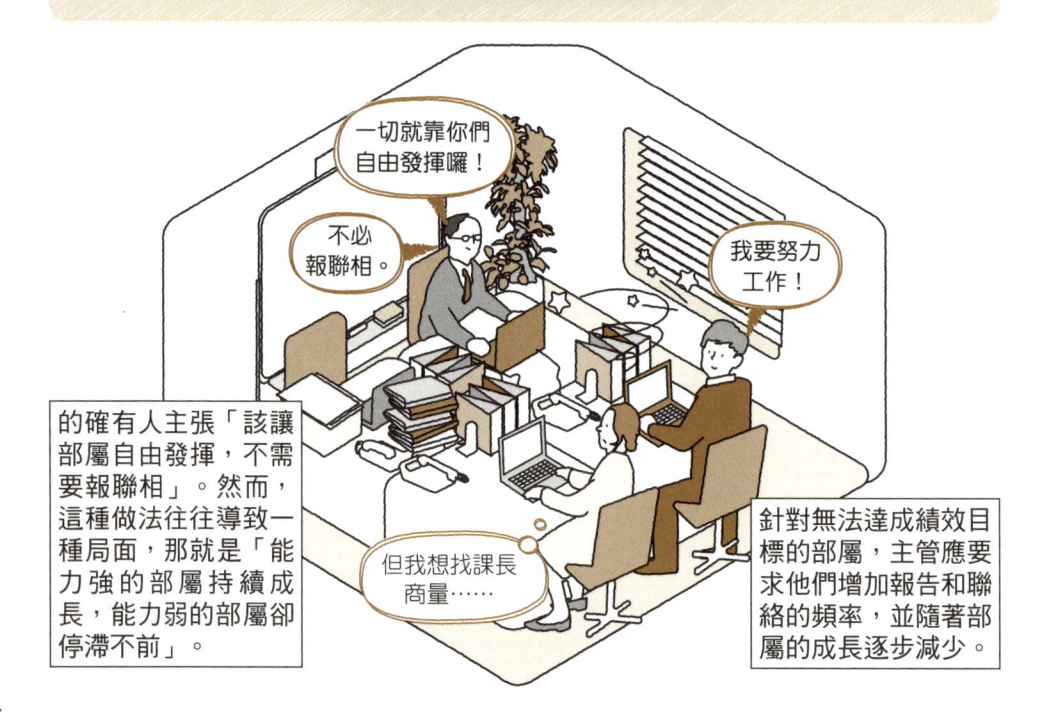

一切就靠你們自由發揮囉！

不必報聯相。

我要努力工作！

但我想找課長商量……

的確有人主張「該讓部屬自由發揮，不需要報聯相」。然而，這種做法往往導致一種局面，那就是「能力強的部屬持續成長，能力弱的部屬卻停滯不前」。

針對無法達成績效目標的部屬，主管應要求他們增加報告和聯絡的頻率，並隨著部屬的成長逐步減少。

76

針對無法達成績效目標的部屬，主管應要求他們增加「報聯相」的頻率，並隨著績效提升逐步減少。**在「報告、聯絡」過程中，主管的重點在於，聽取部屬陳述的事實即可**。如果每次「報告、聯絡」都責備部屬，可能會讓部屬感到壓力，甚至隱匿過失。建議訂出「一天三次，定時回報」之類的規定，建立一套讓部屬易於回報的機制。

「報聯相」過程中，主管不應該做的事

禁忌 1

完全不行嘛！

真不想報告和溝通啊……

每次報告、聯絡時都責備部屬，部屬會覺得報聯相很有壓力。這樣的結果，可能會導致部屬隱瞞錯誤，或是延遲報告和聯絡的時間。

禁忌 2

你做的資料真棒！

我很厲害嘛！

每次報告、聯絡時都責備部屬，部屬會覺得報聯相很有壓力。這樣的結果，可能會導致部屬隱瞞錯誤，或是延遲報告和聯絡的時間。

禁忌 3

真是滿辛苦的！

我懂，我懂！

如果主管過度關照部屬，部屬可能會變得依賴，總是想找主管抱怨、尋求安慰。如此一來，主管就變相縱容了部屬不思進取的行為。

第 2 章　高效管理部屬的實用技巧

【圖解】
解決帶人問題的識學管理法

關鍵字 ➡ ☑ 報聯相：相談、商量

29 只有兩種情況，才讓部屬商量

「報聯相」的「相」是指「相談、商量」，要傾聽部屬面對的問題或挑戰。然而，一旦用錯方法，就會導致部屬停止成長，應特別留意。

「報聯相」的第三個要素是「相談」，也就是「商量」。**主管應當傾聽並協助部屬解決問題**。然而，並非所有問題都需要主管親自介入。錯誤的相談方式，反而可能阻礙部屬的成長，必須特別留意。尤其重要的是，主管不應該成為部屬「找藉口」的對象。聽信部屬的藉口，等同於默許他們不需要成長。

主管可以接受部屬的哪些商量？

主管可以接受部屬商量有兩種狀況，都超出了部屬的職權範圍，因此主管應該提供協助。

我們是否可以引進新的材料？

1：超出預算的範圍。

跟你講再多也沒用！叫你們主管出來！

課長……

2：「叫你們主管出來」的客訴處理。

78

部屬可以和主管商量的議題,只有以下這兩種:第一種是部屬想推動超出預算範圍的措施;第二種則是對方要求「叫你們主管出來」的客訴。反之,**如果是在部屬職權範圍內可自行決定的事,主管就不應該介入**。因為如果事事都插手,部屬就會變得只會聽命行事,失去對工作的責任感。

不插手部屬職權範圍內的事務

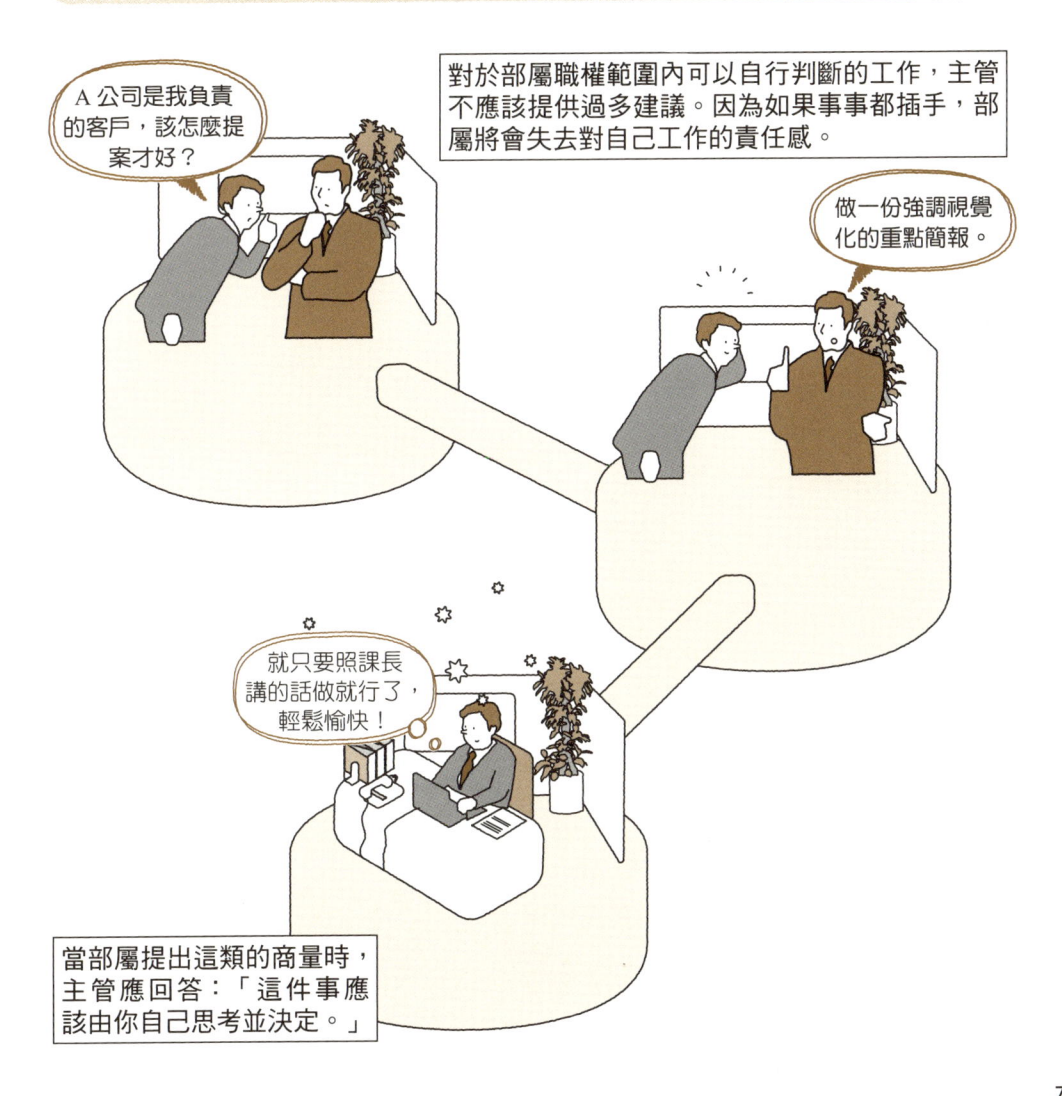

A 公司是我負責的客戶,該怎麼提案才好?

對於部屬職權範圍內可以自行判斷的工作,主管不應該提供過多建議。因為如果事事都插手,部屬將會失去對自己工作的責任感。

做一份強調視覺化的重點簡報。

就只要照課長講的話做就行了,輕鬆愉快!

當部屬提出這類的商量時,主管應回答:「這件事應該由你自己思考並決定。」

第 2 章　高效管理部屬的實用技巧

【圖解】
解決帶人問題的識學管理法

關鍵字 → ☑ 「靠喝酒搏感情」溝通法

30 不靠喝酒跟部屬搏感情

主管找部屬下班後喝酒聊天,「靠喝酒搏感情」的溝通方式,但其實暗藏危機,可能破壞主管與部屬之間的關係基礎。

過去,主管經常在下班後邀約部屬小酌,彼此敞開心扉、暢所欲言。**然而,這種看似「靠喝酒搏感情」的溝通方式,隨著新冠疫情的爆發,已逐漸式微。**業務上的指導,本就應該在工作時間內完成。再者,主管和部屬之間保持適當距離,反而有助於維持專業形象。因此,「有點冷淡」的距離感,或許才是最恰當的。

「靠喝酒搏感情」的文化已經過時

「靠喝酒搏感情」的溝通方式已經隨著新冠疫情而式微。更重要的是,這種管理方式本身就存在很大的問題。

「靠喝酒搏感情」的溝通方式,主管會不自覺特別偏袒那些常一起去喝酒的成員。就算主管沒意識到,但勢必會對這些部屬的考核標準放水。

與部屬關係過於親近，雖然有利於主管從部屬身上蒐集資訊，但缺點更多。首先，**這會破壞主管與部屬之間的專業關係**；其次，部屬可能會誤以為「主管需要我」；此外，經常與主管聚餐應酬的少數人容易受到優待，導致其他成員失去動力，削弱組織內的競爭機制。

和部屬太過親近時的缺點

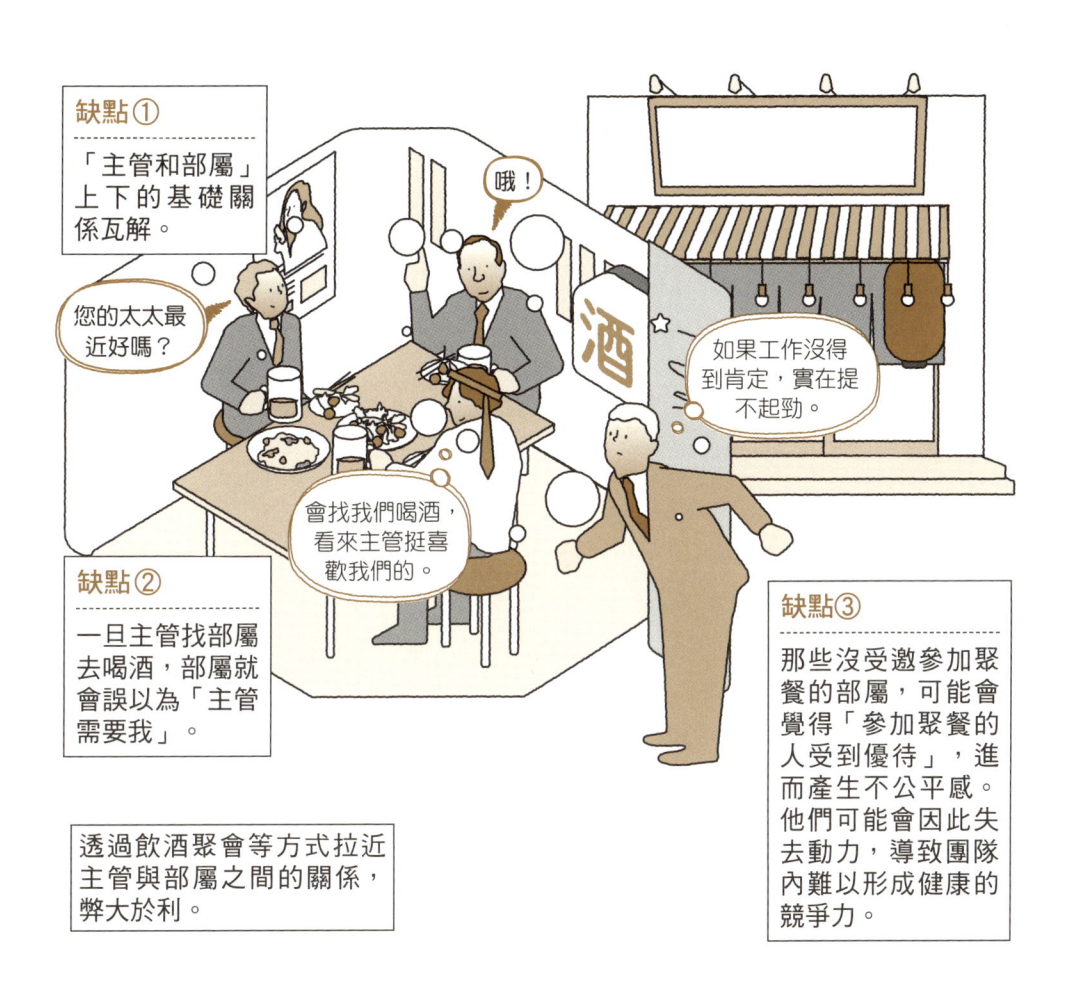

缺點①
「主管和部屬」上下的基礎關係瓦解。

> 您的太太最近好嗎？

> 哦！

缺點②
一旦主管找部屬去喝酒，部屬就會誤以為「主管需要我」。

> 會找我們喝酒，看來主管挺喜歡我們的。

> 如果工作沒得到肯定，實在提不起勁。

缺點③
那些沒受邀參加聚餐的部屬，可能會覺得「參加聚餐的人受到優待」，進而產生不公平感。他們可能會因此失去動力，導致團隊內難以形成健康的競爭力。

透過飲酒聚會等方式拉近主管與部屬之間的關係，弊大於利。

第 2 章　高效管理部屬的實用技巧

關鍵字 → ☑ 藉口

31 忽視部屬的藉口，只關注事實

部屬在「報聯相」過程中，有時會有藉口。
身為主管，不讓部屬找藉口是非常重要的。

主管應採取的管理方法，是透過溝通來消除部屬找藉口的習慣。這種溝通方式有助於營造正向的緊張感。先前在第 28、29 章節提到的「報聯相」，部屬常常會有藉口，主管必須設法判斷，也就是從部屬的報告、聯絡和商量的內容中，冷靜客觀看待事實。

主管與部屬相處時應有的態度

在管理部屬時，主管必須保持一致的態度。避免「心情好時就寬容，心情不好就挑剔」。

他看起來心情不太好，現在先不要報告好了。

搞什麼呀！

OK! OK!

等課長吩咐事情時，再努力工作就好了。

主管的態度要一致，否則部屬對工作的態度也會不一致。

消除部屬藉口的具體方法是「忽略藉口」。**對於「不夠努力！」這類模糊的反省，主管應直接忽略，並詢問「你打算如何改變做法？」引導部屬提出具體的行動方案**。不過，如果藉口中包含具體資訊，例如「其他公司報價低了一成，我們沒競爭力」，則應將其視為改善項目，進一步評估。

以冷靜的態度挑出事實

> 我們的目的，並不是要部屬反省，所以別一味責備部屬，只要用冷靜的態度，從報聯相中挑出事實即可。

> 狀況很不利，所以很難做到。

> 重新調整一下作業時間吧！

> 對於部屬在「報聯相」中所提出的藉口或模糊的說法，主管應直接忽略，不予理會，並進一步詢問「接下來你打算如何改進？」引導他們提出具體的解決方案。

> 1 小時內無法完成，但如果給我 2 小時，應該可以完成這項工作。

> 下次我會更努力！

> 即使乍聽之下像是藉口，但如果其中明確包含了可以改進的地方，還是應該考慮進行改善。

第 2 章　高效管理部屬的實用技巧

關鍵字 ➡ ☑ 努力的理由

32 主管不需要幫部屬找努力的理由

有些主管為了提升部屬的動力，會向他們說明工作的意義與價值。然而，這種「努力的理由」其實並不需要。

前文說明了不讓部屬找藉口的重要性。同樣地，**在管理上，另一個重點是不要刻意提供「努力的理由」**。像是「這份工作有這樣的價值，所以要加油！」之類的說辭，如果部屬無法產生共鳴，就沒有意義。部屬執行主管的指示是理所當然的，因此不需要額外提供努力的理由。

強迫灌輸工作哲學不會有效

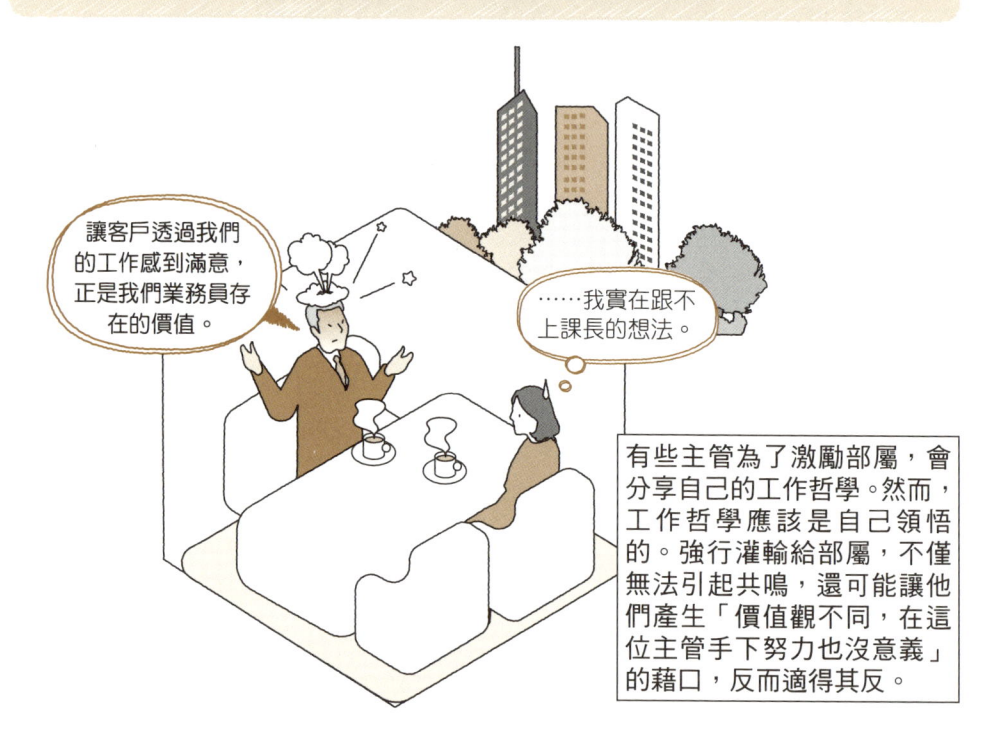

讓客戶透過我們的工作感到滿意，正是我們業務員存在的價值。

……我實在跟不上課長的想法。

有些主管為了激勵部屬，會分享自己的工作哲學。然而，工作哲學應該是自己領悟的。強行灌輸給部屬，不僅無法引起共鳴，還可能讓他們產生「價值觀不同，在這位主管手下努力也沒意義」的藉口，反而適得其反。

被迫灌輸的工作哲學，無法來發揮真正的價值。優秀的主管雖然擁有自己的工作觀，但如果直接向部屬闡述，往往難以引起共鳴。**只有當部屬主動詢問「您在工作中最重視的是什麼？」時，主管才適合分享自己的看法**。此時，部屬已經有了「想要成長」的意願，更容易接受主管的觀點。

部屬主動詢問時，才分享自己的工作哲學

> 課長，您在工作中最重視的是什麼呢？

> 是顧客的利益。

工作哲學應該在部屬詢問時分享。因為在那個時候，部署正處於「也想成長」的狀態，因此所傳達的內容更容易被接受。

在日常工作中對部屬的溝通，必須以事實為依據，而非個人的情感。只有在部屬指動詢問時，才分享自己的工作理念。

第 2 章　高效管理部屬的實用技巧

【圖解】
解決帶人問題的識學管理法

關鍵字 → ☑ 競爭

33 打造良性競爭的好環境

企業之間不僅會相互競爭，優秀的企業還會在內部進行健康的競爭。讓我們一起打造公正的競爭環境。

對於組織而言，理想的狀態是內部能夠彼此競爭。競爭可以視為切磋琢磨，公司與同業之間的競爭是無法避免的，但一家健全的公司內部也會隨時彼此競爭。即使是擁有主力商品的企業，其他部門或承辦人員是否有意圖超越主力商品，還是完全依賴主力商品，這兩者在未來可能會造成極大的差異。

在團隊裡公平競爭

一家強大的企業，組織裡的成員會彼此競爭。他們會因為競爭而提升彼此實力，是非常健康的狀態。

只有我的起跑點和大家不一樣！

準備……起跑！

打造競爭環境時，有一件很重要的事，那就是「公平」。以賽跑為例，必須讓所有參賽成員都認為起跑點和終點一致，否則參賽者就會覺得不公平。

儘管公司政策可能對競爭的態度有所不同，但就算在只有少數部屬的團隊中，有一定程度的競爭通常也是健康的。進行競爭的關鍵在於保持「公平」，避免部屬感受到不公正。因此，**設定清晰的規則和評估標準至關重要**。以公正客觀的角度，將商業競爭視為運動競賽，是主管的責任。

即使企業已有暢銷的主力商品，如果不努力開發能超越現有產品的新商品，企業就無法成長。

交給第一名去比賽就好了！

贏了！

輸了……真可惜！

第 2 章　高效管理部屬的實用技巧

【圖解】
解決帶人問題的識學管理法

關鍵字 → ☑ 視覺化

34 業績視覺化，讓競爭一目了然

在公司內部競爭的時候，應將業績結果以視覺化的方式呈現，例如：將銷售業績數據可視化。

　　在前一章節，我們強調了團隊競爭的公平性。然而，僅有公平性是不夠的，更重要的是讓競爭的過程和結果變得清晰可見。因此，**建議採用「視覺化」的方式**。例如，在業務部門中，應透過視覺化呈現團隊成員的業績，讓每位部屬都能明確了解自己的表現。主管應該依靠資料，讓部屬正視現實，而不僅僅是喊口號來激勵他們，例如「爭取第一！」或「你怎麼能在最後一名！」相較之下，更具建設性的提問應該是幫助落後的部屬思考如何改善。

就算沒有視覺化，部屬還是會在意自己的排名

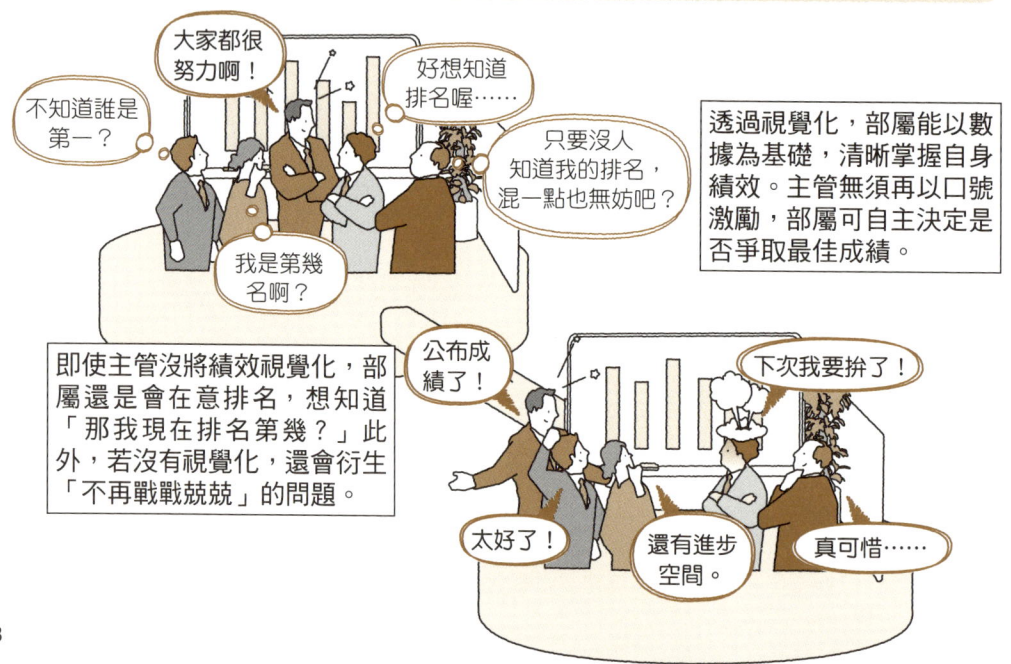

- 不知道誰是第一？
- 大家都很努力啊！
- 好想知道排名喔……
- 只要沒人知道我的排名，混一點也無妨吧？
- 我是第幾名啊？

即使主管沒將績效視覺化，部屬還是會在意排名，想知道「那我現在排名第幾？」此外，若沒有視覺化，還會衍生「不再戰戰兢兢」的問題。

透過視覺化，部屬能以數據為基礎，清晰掌握自身績效。主管無須再以口號激勵，部屬可自主決定是否爭取最佳成績。

- 公布成績了！
- 下次我要拚了！
- 太好了！
- 還有進步空間。
- 真可惜……

雖然組織管理常強調「適才適所」的重要性，但更理想的做法是：組織內先設定好各個職位，再將員工分配至適合的崗位，並要求員工適應這些角色。這是因為，**若每位員工都一味追求個人風格，而組織不斷妥協，將不利於組織的成長**。因此，主管有責任引導部屬，將目光放遠至組織目標達成後，所帶來的個人利益。

不求適材適用，而是讓個人適應職務

雖然有人主張「人才培訓、運用」應採「適材適所」的原則，然而，讓組織去迎合每位員工的個性，是不切實際的做法。

沒想到很適合我。

我以為自己不適合當專業師傅。

我實在很不適合當業務。

現在已經慢慢掌握到訣竅了！

當每個人都能融入組織預設的職務角色，不僅能為部屬帶來成長的契機，更能促進整個組織的蓬勃發展。

【圖解】
解決帶人問題的識學管理法

關鍵字 → ☑ 過程

35 別因「他很努力」而肯定過程

「因為他很努力，所以要肯定他的努力過程。」
這樣的想法，容易導致考核不公正。

主管必須對部屬進行公平的考核。**為求公平，請停止過度重視過程**。有些主管會用「雖然沒有達到預期的成果，但因為有努力付出，所以值得稱讚」這類說詞來鼓勵部屬，然而，在職場上，沒有成果就沒有意義，這種讚美方式彷彿對待小學生。此外，過度重視過程，也可能導致無法公正評價真正有績效的部屬。

重視過程的做法，只適用於對待小學生

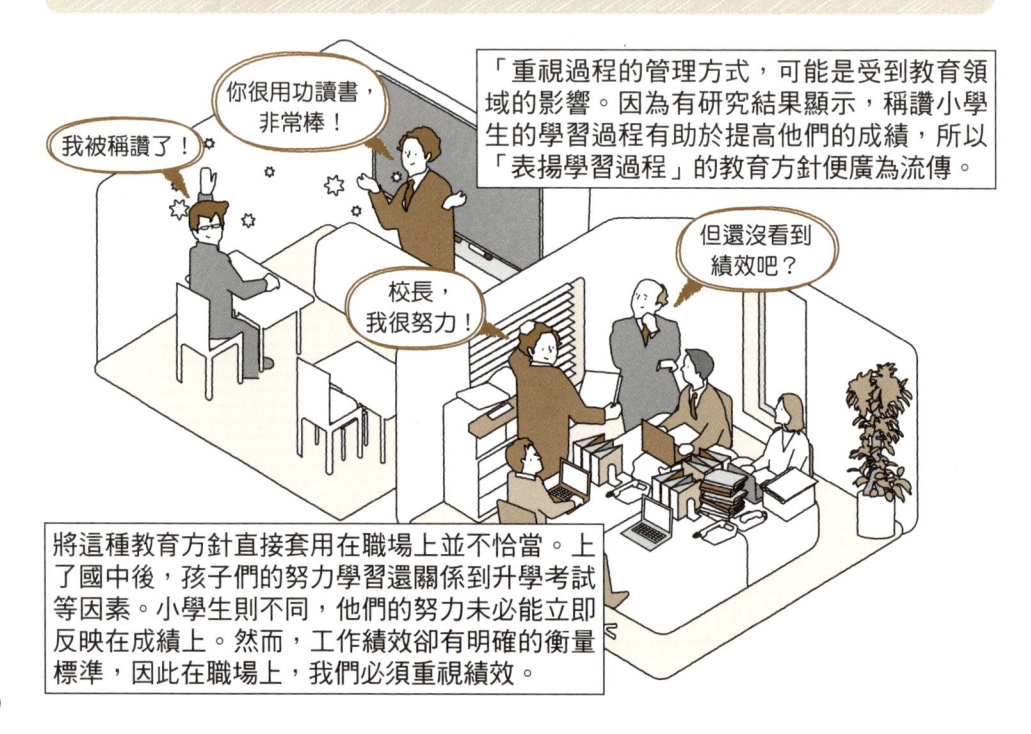

「我被稱讚了！」

「你很用功讀書，非常棒！」

「重視過程的管理方式，可能是受到教育領域的影響。因為有研究結果顯示，稱讚小學生的學習過程有助於提高他們的成績，所以『表揚學習過程』的教育方針便廣為流傳。」

「校長，我很努力！」

「但還沒看到績效吧？」

將這種教育方針直接套用在職場上並不恰當。上了國中後，孩子們的努力學習還關係到升學考試等因素。小學生則不同，他們的努力未必能立即反映在成績上。然而，工作績效卻有明確的衡量標準，因此在職場上，我們必須重視績效。

若以客觀事實為基礎，即使肯定工作過程也無妨。例如，「部屬 A 努力工作，應予以肯定」這樣的說法並不恰當，但若改為「部屬 A 是團隊中拜訪客戶次數最多的，應予以肯定」，因為有數據佐證，這樣的肯定便是合理的。**基於事實的評價，能讓其他部屬清楚認識到自身的不足之處，有助於激勵他們努力進步。**

還是有一些值得給予肯定的過程

他拚命地打電話和客戶約見面，很了不起！

我也很拚命啊！

業績長紅！

如果評估是基於客觀事實，那麼對過程給予肯定是合理的。例如，「他為了約客戶見面，拚命打電話」這樣的描述太過模糊，主管不應該作為給予肯定的依據。但如果是「他透過電話成功約到 10 個客戶，是團隊中最多的」，因為有明確的數據，主管就可以根據這個客觀事實，對他的付出給予肯定。

他一週就約了 10 個客戶，真厲害！

我才約到 3 個，要多多跟他學習。

如果根據客觀事實來考評，那麼其他沒有獲得好評的部屬，也能夠意識到自己還有哪些不足之處。

【圖解】
解決帶人問題的識學管理法

關鍵字 → ☑ 強調自己很努力

36 重視過程，會讓部屬刻意加班

前文提到，主管絕對要避免「對過程給予肯定」。如果主管不引以為戒，部屬就會開始想方設法地向主管展現自己有多麼「努力」。

重視「過程」的考核，會導致部屬傾向於「強調自己有多努力」。典型的例子就是「刻意加班」。本來應該肯定在正常上班時間內就能達成目標的 A 員工，但由於加班的 B 員工看起來似乎更努力，導致 B 員工更容易獲得好評。如果主管因為加班而表揚 B 員工，其他部屬就會產生「應該讓主管看到我加班」的想法。

「強調自己很努力」最典型的手法，就是刻意加班

主管只要重視部屬工作的「過程」，部屬就會把心力花在「看起來很努力」，而不是如何創造績效。

> 我加班的時間比誰都長，難道還不夠努力嗎？

> 我的績效明明比他好！

> 我今天也要加班！

典型的例子就是「刻意加班」。他們試圖透過「比誰都晚下班，營造出努力工作的形象」來獲得好評。

主管應該專注於結果，而非干涉工作過程。如此一來，主管能將心力投入其他事務，不必再耗費心力管理部屬的工作過程，進而提升整個團隊的工作效率。事實上，減少對工作過程干涉的一個有效方法就是，採用遠距工作模式。遠距工作自然減少了主管對部屬工作過程的干涉，那些習慣強調自己多努力的部屬，真正的工作表現便會一覽無遺。

遠端上班可以減少不必要的工作

由於遠距工作是在不同地點進行，主管難以介入工作過程。主管只需評估結果，省去了管理部屬工作過程的麻煩，能將精力集中在其他工作上。

那麼，我會在〇日確認成果，麻煩你了。

好的，我知道了！

OK!

了解！

我的必殺技「刻意加班」不能用了……

由於不再對「過程」給予肯定，因此那些以往靠著「刻意加班」來博取好評，但實際上沒有做出績效的人，將無法再獲得任何肯定。

【圖解】
解決帶人問題的識學管理法

關鍵字 → ☑ 日報

37 讓「報喜不報憂」的部屬寫日報

為了排除對過程的重視，以及部屬模糊的報告，可以利用日報制度。日報上只要求寫具體的事項。

第 35、36 章節提到，「主管干涉部屬工作過程」的缺點。此外，**部屬習慣「報喜不報憂」也是一大問題**。這類部屬每當被主管詢問「那件事，處理得如何？」時，即使情況不甚理想，也會為了迎合主管的期待而回答「一切順利」。這種情況會導致主管產生誤解，無法正確考核他們的工作績效。

干涉過程容易導致部屬「報喜不報憂」

當主管干涉部屬的工作過程，並詢問進度狀況，有時部屬會提供不符事實的答案。

「那件事進行得還順利嗎？」
「看來有機會簽約。」

「這樣啊……真可惜啊。」
「結果合約沒簽成……」

當部屬工作出現問題時，由於主管先前對情況有所誤解，因此無法準確分析失敗的原因。

為了杜絕部屬毫無根據的回覆，善用「日報」是個有效的管理工具。主管應要求部屬在日報上記錄量化的具體事實，而非「我會更加努力」之類空泛的精神喊話。同時，**也要避免讓部屬誤以為日報是日記**。如此一來，部屬將養成只報告事實的習慣，而主管也能夠給予更具體的指導。

要求部屬在日報中只寫事實

日報寫好了！

今天的午餐，在附近的一家拉麵店吃了味噌拉麵。

別寫成日記。

很多年輕人把日記和日報搞混了。

明天起我會更努力！

用數字寫出事實！

要求部屬用具體數字，寫出結果或目標。

在 A 車站前發了 100 張傳單。

很具體，簡明易懂。

主管可以具體掌握結果。

遇有總是「強調自己很努力」（見第 35 章節）的部屬，就請他們寫日報。透過日報管理，可以讓部屬明白，主管重視的是成果而非過程。

【圖解】
解決帶人問題的識學管理法

關鍵字 → ☑ 應有的水準

38 隨口稱讚會降低部屬的標準

雖然很多主管認為稱讚可以激發部屬的動力和潛能，
但稱讚其實存在著很嚴重的缺陷。

雖然很多主管認為稱讚可以激勵部屬，但這種做法其實隱藏著很大的問題。這類主管往往會因為一點小事就稱讚部屬，導致部屬容易自滿，不再追求更高的目標。例如，**考試考了 70 分就受到表揚的人，可能會將 60 分視為「應有的水準」**。即使有時需要考到 100 分，但 60 分這種偏低的標準卻會在他心中根深柢固。

隨口讚美會降低「標準」

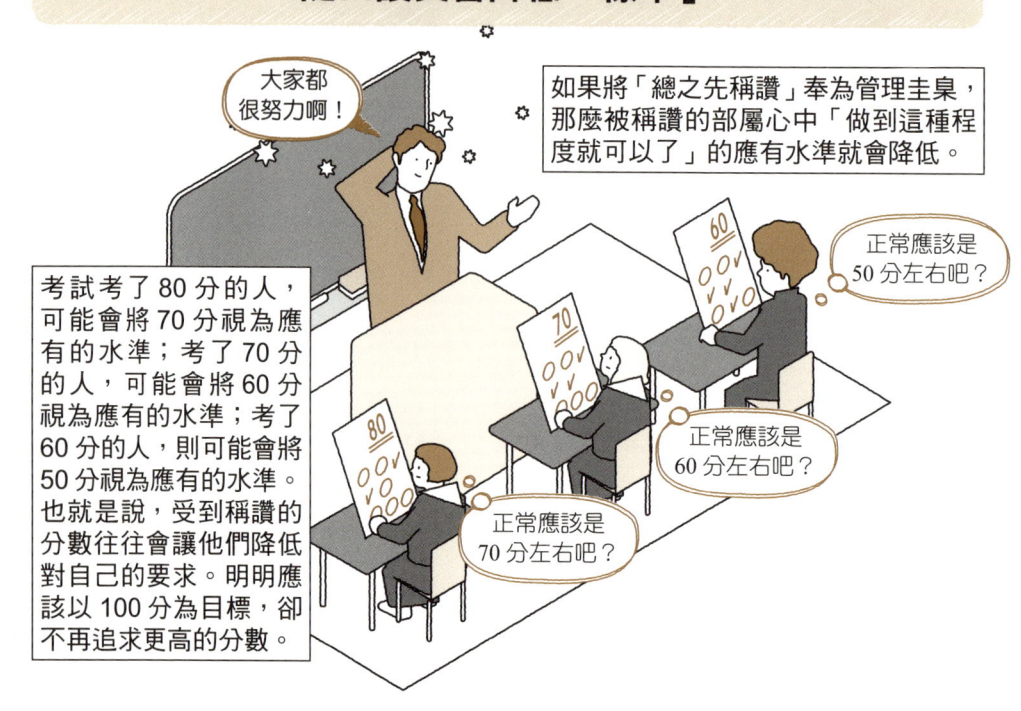

大家都很努力啊！

如果將「總之先稱讚」奉為管理圭臬，那麼被稱讚的部屬心中「做到這種程度就可以了」的應有水準就會降低。

考試考了 80 分的人，可能會將 70 分視為應有的水準；考了 70 分的人，可能會將 60 分視為應有的水準；考了 60 分的人，則可能會將 50 分視為應有的水準。也就是說，受到稱讚的分數往往會讓他們降低對自己的要求。明明應該以 100 分為目標，卻不再追求更高的分數。

正常應該是 50 分左右吧？

正常應該是 60 分左右吧？

正常應該是 70 分左右吧？

隨口稱讚會降低部屬對自己的要求，阻礙他們的成長。**主管不應該輕易稱讚部屬，只有當他們的表現遠超過設定的標準時，才給予表揚**。有些部屬試圖透過獲得主管的肯定來滿足自己的認可需求，雖然這本身並沒有錯，但主管沒有義務去滿足部屬的這種需求。

表現超乎水準，才稱讚

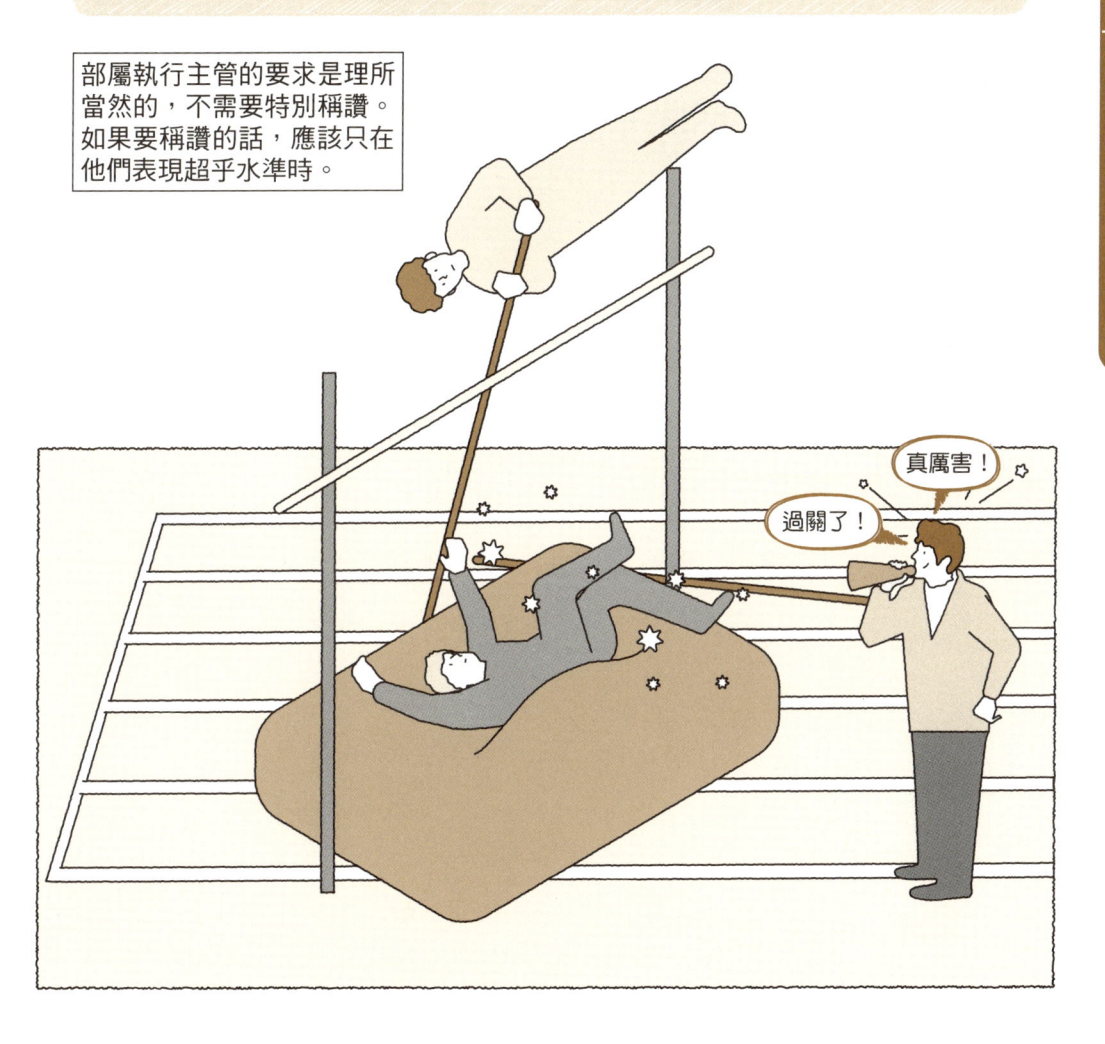

部屬執行主管的要求是理所當然的，不需要特別稱讚。如果要稱讚的話，應該只在他們表現超乎水準時。

真厲害！

過關了！

【圖解】
解決帶人問題的識學管理法

關鍵字 → ☑ 規則

39 規則有兩種：「行動」、「態度」

組織的規則分為「行動規則」和「態度規則」。
「態度規則」是必須讓部屬嚴格遵守的。

主管的職責之一，就是制定組織規則，並確保部屬遵守。規則可分為「行動規則」和「態度規則」。「行動規則」與公司的目標息息相關，像是「一週拜訪20個客戶」、「達成1,000萬元的業績」。「態度規則」是任何人都能做到的基本要求，例如：「不遲到」、「打招呼」……必須嚴格要求部屬遵守。

行動規則與公司的目標息息相關

> 為了達成公司的目標，讓我們遵守行動規則。

> 達成1,000萬元的業績。

> 每週拜訪20個客戶！

組織規則之一的「行動規則」，與公司的利益息息相關。因為目標設定較高，有時可能無法完全遵守。

98

組織中的規則具有凝聚團隊的效果，讓遵守規則的成員產生歸屬感。因此，**規則必須是所有團隊成員都適用的公約，而非因人而異的特例**。如果出現差別待遇，例如「A 必須每次開會都出席，B 只要方便出席的時候再參加即可」，會削弱團隊成員對組織的認同。既然是規則，就應該設定為所有人都能遵守的內容。

態度規則，就是檢視部屬的工作態度

態度規則，例如：「打招呼」、「不遲到」……是身為團隊成員應有的心態。只要有意願，任何人都能遵守，如果不遵守，就代表刻意不遵守。

需要提交的文件，請在截止日的上午繳交。

我知道了。

山田，妳方便的時候再給就好。

偏心……！

好的。

主管必須徹底要求部屬遵守態度規則。遵守規則能讓部屬認同自己是團隊的一分子的。因此，規則必須適用於所有成員，不應因人而異。如果規則因人而異，將會削弱團隊成員的歸屬感。

【圖解】
解決帶人問題的識學管理法

關鍵字 → ☑ 新規定

40 一有新規定，都會造成反彈

制定新規定時，可能會引起部屬的反彈。
但主管不應害怕被討厭，應果斷執行，並在必要時進行修正。

制定新的態度規則時，應明確規定由誰負責哪些事項。**向部屬傳達新規定時，不要只用口頭告知，而是要透過電子郵件或共用文件等方式，讓他們日後可以隨時查閱**。制定新規定往往會引起部屬反彈，因為人們天生抗拒改變，所以無論制定什麼樣的規定，多少都會招致反對。

新規定一定會引起某些反彈

導入新規定時，要透過電子郵件或共用文件的方式傳達，不只是「口頭告知」而已。此外，也應明確表示新規定是由身為主管負責制定的。

好！

雖然我已經透過電子郵件通知大家了，但在與客戶會面時，請務必穿著西裝外套。

穿什麼衣服根本沒差吧。

規則應明確規定「由誰負責遵守哪些事項」。

即使遭到反對，主管仍應堅持「規定就是規定」，並徹底落實執行。此外，在實施規定的過程中，當部屬反映「遇到這樣的問題」時，主管應將其視為寶貴的資訊，而非抱怨。**若在仔細評估這些資訊後，認為有必要修改規定，那就勇於修改！**切勿拘泥於「最初制定的規定就是絕對的」這種想法。

若發現問題，應考慮修改規定

導入新規定並實際執行後，有時會出現一些意想不到的問題。主管應建立一套能確實從部屬那裡蒐集資訊的機制，以便在新規定出現問題時，能隨時進行調整。

公司

大熱天跑外務真的很辛苦。

我會考慮調整規定。

天氣好熱！

當問題發生時，主管應評估是否需要修改規定，不必拘泥於最初制定的內容。

【圖解】
解決帶人問題的識學管理法

關鍵字 → ☑ 明確的規定

41 明確指出「何人、何事和期限」

模糊不清的規定，會導致有人遵守、有人不遵守，造成不公平的情況，團隊氛圍也會因此變得緊張。

在制定規定時，一個重要的關鍵是明確訂定出「誰該在什麼時候之前做什麼事」。如果在這方面含糊不清，規定就無法發揮應有的作用。以「要確實打掃，以保持職場環境整潔」這個規定為例，由於沒有設定「誰」和「何時」完成，所以大多數人可能都不會主動打掃。建議制定明確的規定，例如：「每天早上，全體成員一起花10分鐘打掃」。

模糊的規定會讓人際關係惡化

發現環境髒亂的人，就先主動打掃

為什麼只有我……！

其他人根本就沒打掃啊！

沒有明確規定「誰」、「做什麼事」、「何時完成」的規定，會導致「有人遵守、有人不遵守」的情況。如此一來，就會有人心生「為什麼只有我要做？」「為什麼他可以不做？」之類的情緒，導致人際關係惡化。

102

「總會有其他人打掃吧」這種模糊的規定，會成為滋生「我打掃了，但那個人卻沒有」等指責和不滿的溫床。因為這種規定將是否遵守的決定權交給了個人，所以那些貼心認為「總得有人打掃才行」的員工會主動去做，卻又覺得「希望其他人也能主動一點」，因而產生矛盾的情緒。明確的規定可以避免這種情況發生。

明確訂定規則，以避免團隊成員發生衝突

明訂出「誰」、「做什麼事」、「何時完成」，就能在不仰賴團隊成員善意和拚勁的情況下，妥善經營團隊。有了明確規定之後，部屬該做的事也會變得很明確，團隊運作也會更順暢。

A，請妳在上午完成左側空間的打掃工作。

好的。

B，請你在下午完成右側空間的打掃工作。

好！

當團隊或部屬不按照規定行動時，主管應給予指導。

第 2 章 高效管理部屬的實用技巧

【圖解】
解決帶人問題的識學管理法

關鍵字 → ☑ 設定目標

42 先設定明確目標，最後考核結果

主管應為部屬設定明確的目標，不關注工作過程，而是根據工作結果是否達成目標來進行考核。

第 35、36 章節提到，主管不應干涉部屬的工作過程，而應著重管理工作結果。為達成此目標，主管需要掌握部屬工作的起點和終點。具體來說，就是**在委派工作前先設定目標，並在工作完成後要求部屬報告結果，再進行考核**。而最初設定的目標必須明確具體。

一開始就設定具體的目標

盡量瘦一點。

我該怎麼控制飲食和運動呢？完全沒有頭緒啊！

請在一年之內瘦 10 公斤。

這樣的話，一個月瘦 1 公斤，十個月就能達標了！

如果目標模糊不清，部屬會無所適從，主管也難以準確考核工作成果。因此，設定目標時應包含具體數字。

「盡量多成交！」這樣的目標過於模糊，無法明確判斷何時算達成目標。目標不明確，部屬也難以規劃行動。「一個月內談成 5 個案子」這類目標，明確指出期限和具體成果，更為理想。**盡可能在目標中加入數字，使期限和成果更具體化。**

難以量化的目標，也盡量數值化

請積極參與會議。

或許可以設定每次會議至少發言 3 次為目標？

怎麼樣才算積極？

有些目標難以量化，這時可以從目標中找出可量化的要素，例如次數、時間、與去年同期相比的變化等，將其納入目標設定中。

第 2 章　高效管理部屬的實用技巧

【圖解】
解決帶人問題的識學管理法

關鍵字 → ☑ 指導

43 失敗是成長機會，放手讓部屬去做

過去表現越是優秀的主管，越容易對部屬的工作方式指手畫腳，但這並不代表主管應該將自己的工作方式強加於部屬。

主管不應該干涉部屬的工作過程，不過，在同一個職場工作，難免會看到部屬的工作表現。比如說，如果聽到部屬在電話中使用了不禮貌的用語，主管應該立即糾正。**這種明顯錯誤當然要指出，但主管不應該強迫部屬按照自己的方式做事，這樣會剝奪部屬成長的機會。**

刻意讓部屬嘗試錯誤

原則上，工作方式應交由部屬自行決定。雖然他們有時會犯錯，但透過嘗試錯誤的過程，部屬將獲得成長。

我該怎麼做才好？

我示範給你看，然後照著做。

好的。

即使失敗也沒關係，試著去做看看。

完成囉！

失敗了……！

對於不熟悉工作流程的新人，主管當然應該提供詳細的指導。一旦他們度過了這個階段，就應該放手讓他們自行決定工作方式。過去表現優秀的主管往往對自己的做事方法充滿自信，因此容易忍不住插手干涉。**雖然這樣做可能讓部屬順利達成任務，卻會讓他們失去獨立思考的能力。**一旦遇到失敗，他們也可能將責任歸咎於他人，缺乏責任感。

> 當主管將自己的工作方式強加於部屬時，部屬不僅會停止獨立思考，也會失去對工作的責任感。由於缺乏嘗試和犯錯的機會，他們在面對新任務時將束手無策。

第 2 章　高效管理部屬的實用技巧

- 和學長做一樣的事就行啦！
- 就算出錯，也不是我的問題。
- 這件事該怎麼處理？

- 改變做法之後，就順利完成了！
- 再來試試別的做法吧！
- 只要應用一下剛才的做法就行啦！

> 對於不熟悉工作流程的新人，主管當然應該耐心指導。一旦他們度過了這個階段，主管就不應再干涉他們的工作方式，讓他們能從實踐中學習成長。

【圖解】
解決帶人問題的識學管理法

關鍵字 → ☑ 經驗

44 沒做過的業務，也讓部屬試著挑戰

部屬因為缺乏經驗而對新工作感到卻步是很常見的。這時，身為主管，應該明確表示自己會承擔責任，並鼓勵他們勇於挑戰。

在工作中，經驗是非常重要的。當然，知識也是必要的，但沒有經驗，知識就無法發揮作用。因此，**主管應該讓部屬「無論如何先試試看」**。對缺乏經驗的部屬講述工作意義或重要性，他們往往難以理解。設定目標，讓他們實際去做，才是促進部屬成長的關鍵。

沒有實務經驗，無法學到的知識

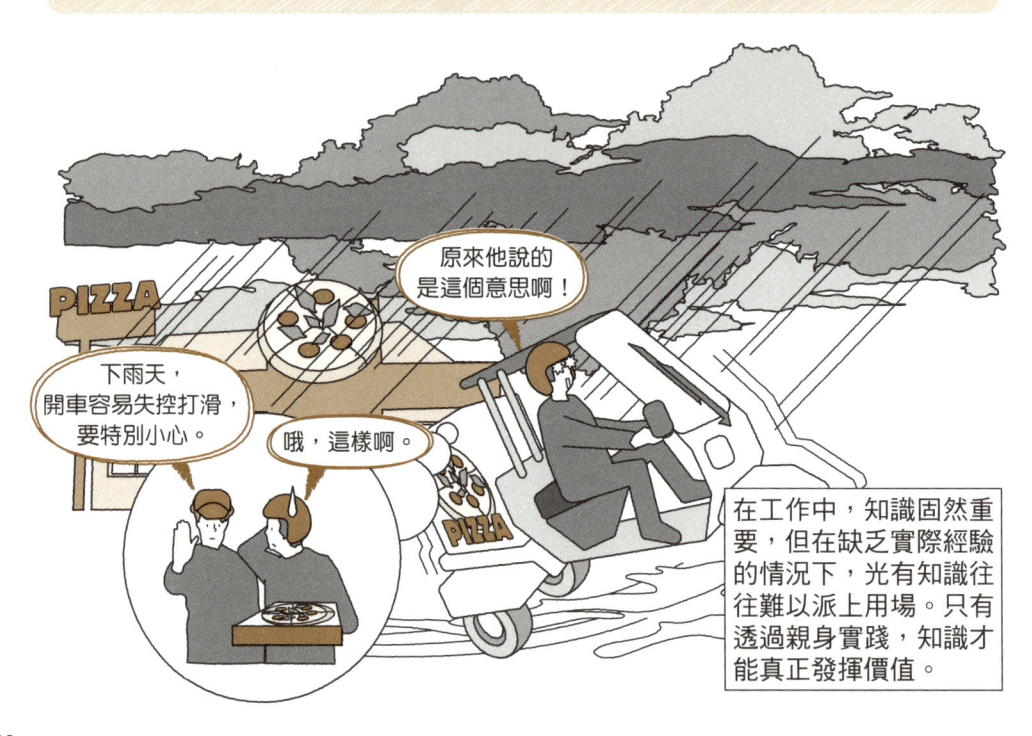

> 下雨天，開車容易失控打滑，要特別小心。

> 哦，這樣啊。

> 原來他說的是這個意思啊！

在工作中，知識固然重要，但在缺乏實際經驗的情況下，光有知識往往難以派上用場。只有透過親身實踐，知識才能真正發揮價值。

108

當部屬被指派從未接觸過的新工作時，他們可能會因為任務的難度而感到恐懼。即使如此，主管也應該讓他們「無論如何先試試看」。同時，**主管也應該明確表示，這是他以主管身分所做的決定，自己會承擔相對的責任。** 萬一任務失敗，主管不應該將責任推給部屬，像是說「部屬也是在理解情況後才接受任務的，所以他們也要負責」之類的話。

讓部屬挑戰新業務，由主管承擔責任

責任我來承擔，你就去挑戰吧！

我沒處理過這類任務，很不安。

當鼓勵部屬挑戰新任務時，可以向他們保證「責任由主管承擔」，這樣有助於說服他們。

你看，搞砸了吧！

我會負責。

課長！

你看，搞砸了吧！

是他自己心甘情願接下這份工作，所以他也要負責。

課長！

不能把責任推給部屬。

萬一失敗了，主管必須承擔責任。

第 2 章　高效管理部屬的實用技巧

【圖解】
解決帶人問題的識學管理法

關鍵字 ☑ 未達成目標

45 沒達標時，指出需要加強的關鍵

為部屬設定目標，交辦任務後，主管應當根據結果進行評估。若未能達成目標，則須讓部屬了解還有哪些需要加強的地方。

主管為部屬設定目標並交辦任務後，應在期限內要求部屬報告結果。**主管必須根據工作成果進行考核，若發現未達標之處，應明確指出並讓部屬了解不足之處**。考評必須基於客觀事實，而非主觀感受，像是「不夠積極」這樣模糊的評價，會讓部屬不知道該如何改進。

根據客觀事實，考核部屬的工作成果

> 沒成交，是因為你沒決心。

> 就算你這樣說，我也……

當部屬報告工作結果，如果沒有達標，主管應指出「部屬未能做到的地方」。這些指正必須完全基於客觀事實。

當主管用熱忱、決心或拚勁等模糊的說法來考核時，部屬無法得知自己該從何改進。

110

考核部屬的工作成果後，就能看出他們下一個目標的方向。**如果部屬未能達標，則應根據他們所欠缺的要素來設定新的目標**。此時，可以將達標所需的先決條件納入新的目標中。例如，如果目標是成交量，那麼可以將增加拜訪客戶的次數訂為新目標。

根據這次的成果，設定下次的目標

01 那就以拜訪30個客戶、成交5件為目標吧！

拜訪客戶，我會增加到30個。

02 接下來打算怎麼做？

03 結果你拜訪幾個客戶？ 20個。

04 成交量目標是5件，但實際簽約的只有3件。

主管考核工作成果，讓部屬意識到不足之處後，就能明確下一個目標的方向。此時，將達標所需的先決條件納入新目標中，是重要關鍵。在這個例子中，拜訪客戶的次數就是成交量的先決條件。

第 2 章　高效管理部屬的實用技巧

【圖解】
解決帶人問題的識學管理法

關鍵字 ➡ ☑ 承擔責任

46 無法對結果負責，組織難以運作

主管要對部屬的工作成果承擔責任，但如果負責的方式不當，將會阻礙團隊和成員的成長。

　　在公司的各個部門中，成員的工作成果由組長評估，而課長的工作成果則由部長評估。如果部長插手干預課長的部屬的工作，不僅會導致組織運作不順暢，還會阻礙課長的成長。同樣地，會議也不應該讓部長、課長和部屬三層級全部參與。部長應該只關注課長的工作，這才是對結果負責的正確方式。

部長不該干涉課長的部屬

如果部長越過課長，直接插手管理課長的部屬，將會導致組織運作不順暢。部長應該只關注課長的工作成果，這才是正確的負責方式。

業務課的同仁，動起來，多跑業務啊！

要盡量多去拜訪客戶才行！

真傷腦筋……

部長和課長的指示，究竟該聽哪一邊才對？

近年來,有些企業導入了主管和部屬相互考核的「360度績效回饋」制度。然而,所謂的考核,本質上是由承擔責任的主管執行。**對於尚未承擔管理責任的部屬而言,他們的考核充其量不過是種不負責的「個人觀感」**。因此,部屬往往難以對主管做出客觀公正的評價。對部屬而言,比起評價主管,更應該專注於達成團隊目標。

部屬難以對主管做出客觀公正的評價

「360度績效回饋」是由不同立場的人對員工進行考核。雖然主管也要接受部屬的評價,但從本質上來說,考評應該是權責分明的人才能做的事。因此,部屬對主管的考評,參考價值不高。

他最近好像很累喔?

應該很拚吧?

他算是很親切吧?

他是不是很容易心軟啊?

本質上,考評是為了評估設定的目標是否達成。而設定目標的權限,通常由主管決定,因此,只有主管才能做出真正客觀公正的考核。

【圖解】
解決帶人問題的識學管理法

關鍵字 ➡ ☑ 落差

47 填補「結果」和「考核」的差距

主管要考核部屬的工作成果，並為部屬設定下一個目標。
認真接受這些考評的部屬才能夠成長。

主管應當評估部屬的工作成果，並為他們設定下一個目標。在評估過程中，主管應與部屬共同制定新的目標，並明確指出需要改進的行為。唯有認真接受這些評估並努力改進的部屬才能夠成長。換言之，**努力填補「結果」與「考核」之間的差距，正是成長的關鍵**。而縮小這個差距的責任在於主管，關鍵在於透過客觀事實的呈現，因為這個部分部屬無法自我考評。

為了達標而努力，才會成長

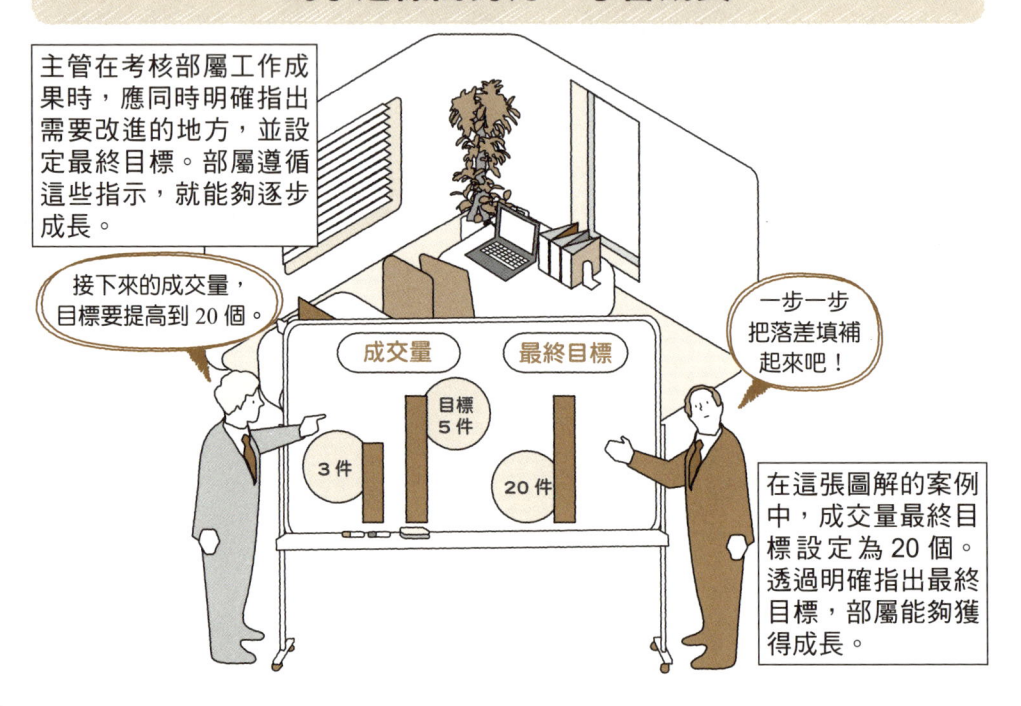

主管在考核部屬工作成果時，應同時明確指出需要改進的地方，並設定最終目標。部屬遵循這些指示，就能夠逐步成長。

接下來的成交量，目標要提高到 20 個。

一步一步把落差填補起來吧！

成交量　最終目標
3件　目標5件　20件

在這張圖解的案例中，成交量最終目標設定為 20 個。透過明確指出最終目標，部屬能夠獲得成長。

無法正確認識自身工作成果與考評之間差距的人，往往會找藉口，例如「這不是公正的考核」。**主管有必要避免讓部屬有機會找藉口。**此外，為了讓部屬能夠接受考評，而不是自我感覺良好，主管平時也應該公平對待每一位部屬。

接受他人考評，而不只是自評

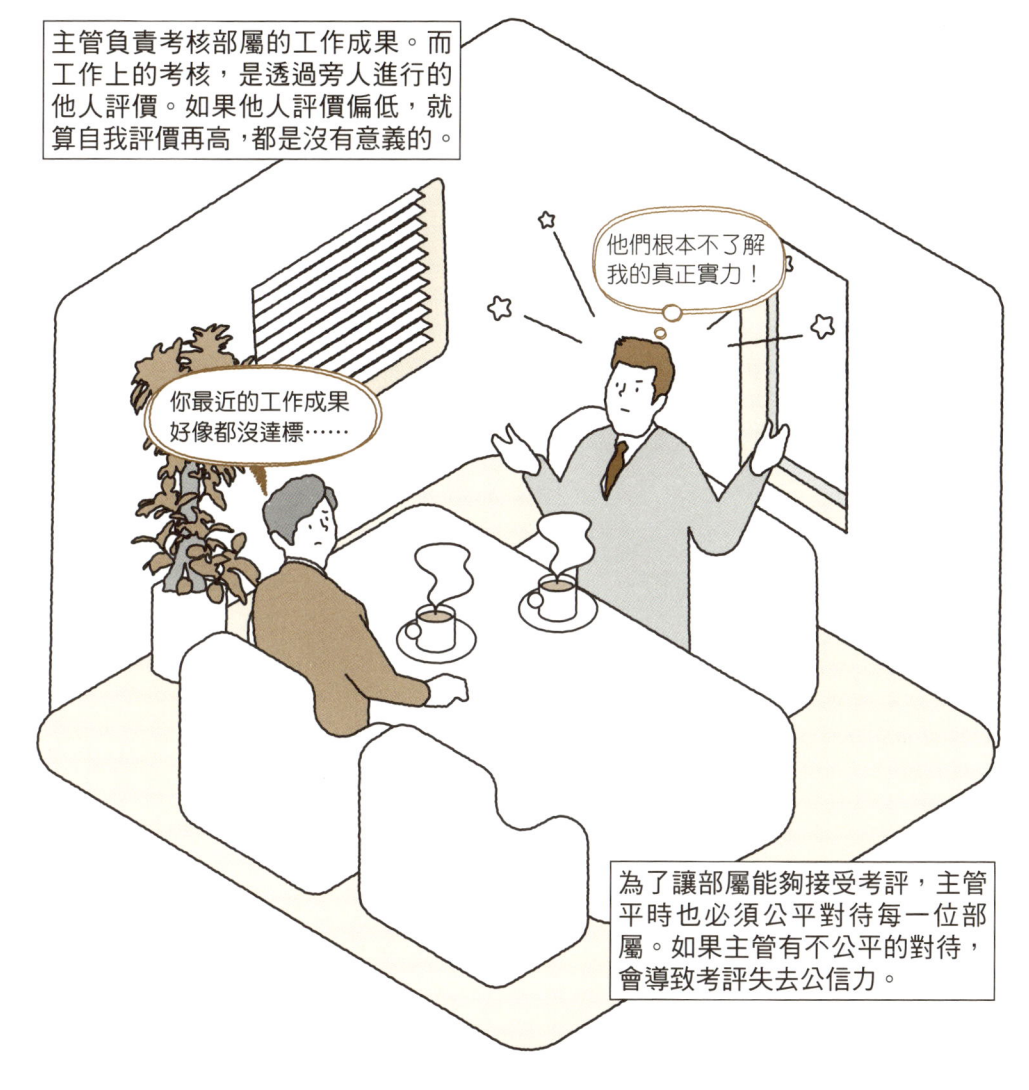

主管負責考核部屬的工作成果。而工作上的考核，是透過旁人進行的他人評價。如果他人評價偏低，就算自我評價再高，都是沒有意義的。

> 他們根本不了解我的真正實力！

> 你最近的工作成果好像都沒達標……

為了讓部屬能夠接受考評，主管平時也必須公平對待每一位部屬。如果主管有不公平的對待，會導致考評失去公信力。

專欄 ❷

老闆交辦的工作，
釐清責任歸屬

　　許多老闆可能經常把一些口號掛在嘴邊，像是「讓我們建立跨部門的合作」、「讓我們重視團隊合作」。乍看之下，這些話看似讓組織往正確的方向運作，但這樣的發言反而可能阻礙員工之間合作。

　　實際上，**許多標榜「重視跨部門合作」的老闆**，往往只在嘴巴上要求員工合作與協調，卻沒有實際作為。這樣的問題在於，**責任歸屬變得模糊不清**。老闆「要求合作」的言論，可能導致各部門之間的責任重疊。如此一來，各部門的主管就不再對自己的工作負責，最終形成一個大家互相推卸

責任、找藉口的環境。

　　如果公司想透過跨部門合作來提升績效，關鍵在於設立並明確指派一位負責人。如此一來，就能由主責統籌、制定規則，其他成員則遵照指示執行。在「識學管理法」的理念中，這種權責分明、運作順暢的公司，正是老闆應當努力打造的理想企業。

　　因此，「合作」與「協調」無疑是管理上的關鍵詞，但所有主管務必謹慎使用這些詞彙。

第3章

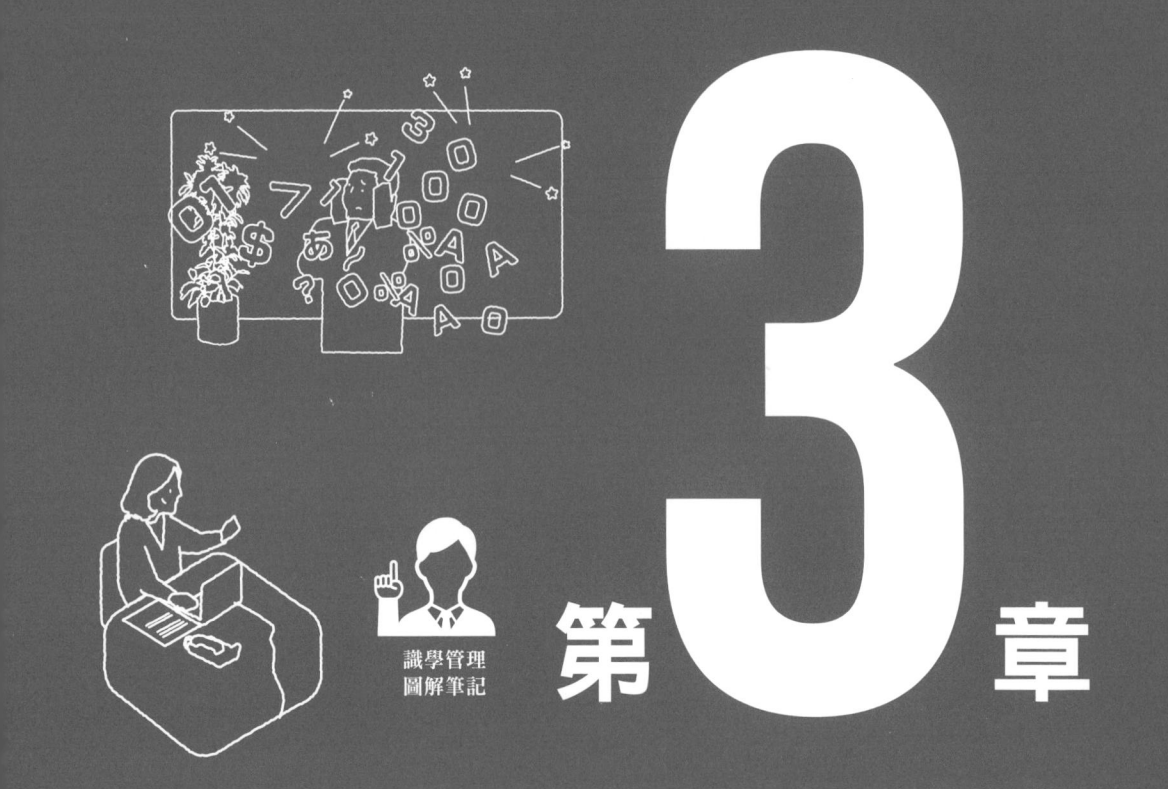

數值化管理，客觀又能化為行動

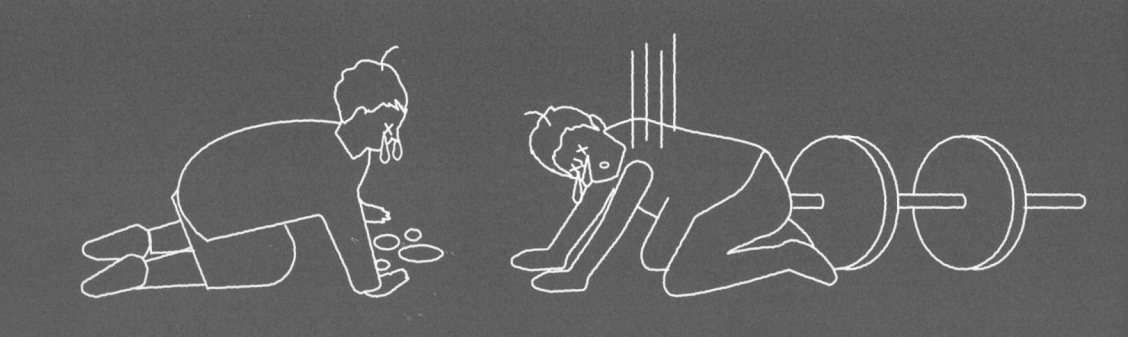

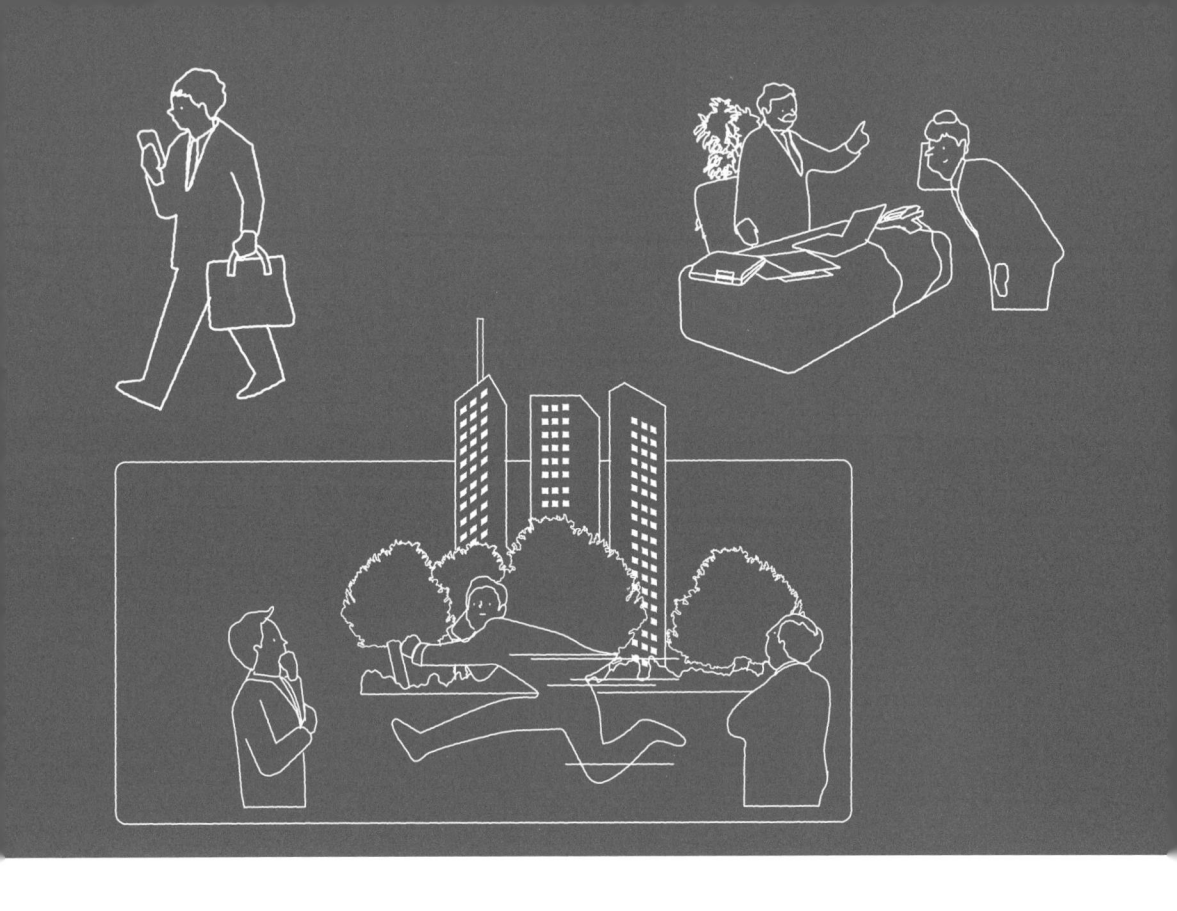

無論何時何地,「數字」都是客觀且可視化的指標。學會運用數值化思考,並以此管理部屬,更能帶領團隊更上一層樓。接下來,我們將探討如何善用數字,將抽象思維轉化為具體行動。

【圖解】
解決帶人問題的識學管理法

關鍵字 → ☑ 數值化

48 數值化，可以節省溝通成本

客觀的數字是判斷事物的標準。
將職場互動數值化，能帶來許多好處。

人類為了更清楚表達自己的想法，發展出了語言和數字。然而，現今的情況是，雖然人人都擅長使用語言，但數字的運用卻明顯不足。如果我們只用訴諸情感的語言來溝通，往往會導致管理失敗。這時，**我們需要客觀的事實來擺脫情緒、理性分析問題。而數字正是幫助我們達成這項目標的基準。**

上班族絕不能忽視數字

哎呀，數字不能代表一切啦！

課長也說數字不能代表一切，所以我就沒把數字放在心上了。

等一下，課長可是有超過20年經驗的資深前輩，和你這個剛畢業2年的新人應該不一樣吧？

所以不能忽視數字，對吧？

主管　　　　A　　　　同事

資深前輩說「數字不是一切」，是因為他們深刻理解數字的重要性。職場新鮮人不應該斷章取義，誤以為「數字可以忽略」。

以數字為基準所推動的數值化，好處很多，其中之一就是能節省溝通成本。職場上有很多因為溝通而衍生的無謂浪費，例如：缺乏數據、毫無成效的會議；彼此揣測猜忌，讓我們與他人的互動停滯不前；或是因認知落差而導致工作出錯⋯⋯把這些工作都化為數據，就能大幅節省這些浪費的成本。

數值化的常見錯誤

別用數值化來說服自己放心

別只看業績數字而感到放心。如果這些數字無法轉化成未來的利潤，那麼數值化就毫無意義。應該將數字視為彌補現階段不足的工具，並思考下一步的行動。

看到數字後，不能只是放心，還要思考如何創造更多價值。（主管）

太好了，這一季的業績總算成長了。（A）

別被假象騙了

這個月的目標要提升「銷售力」。（A）

不行，銷售力不是數字，而是概念。請提出更具體的目標。（主管）

重要的是，別被數值化的假象所矇騙。「業務能力」、「銷售能力」這些都是抽象的概念，而非具體的數字。「將溝通能力提升 2 倍」或「鍛鍊專注力」也是同樣的道理。如果部屬使用這類表達方式，應引導他們轉換成「業績提升 15%」等更具體的數值化目標。

第 3 章　數值化管理，客觀又能化為行動

【圖解】
解決帶人問題的識學管理法

關鍵字 ➔ ☑ KPI

49 設定 KPI，迅速進入「執行」階段

在 PDCA 循環中，最容易產生浪費的環節是 D（執行）。透過設定以目標為導向的 KPI（關鍵績效指標），就能減少這些浪費。

在職場上，所謂的「數值化」，其實就是實踐 PDCA 循環。PDCA 分別代表「計畫」（Plan）、「執行」（Do）、「檢核」（Check）和「改善」（Action），是一種經典的管理框架。需要注意的是，許多新進員工和年輕人在從 P（計畫）階段進入 D（執行）階段時，容易出現拖延的狀況。**就算是成功人士，在成功的背後也累積了驚人的付出。對於一般人來說，更應該重視行動量，增加 D（執行）的次數。**

執行 PDCA，是落實數值化的第一步

Plan 計畫
經過數值化的目標

Do 執行
達成一天跑 5 公里的目標！
根據計畫。擬訂具體的流程或行動。

Check 評核
已跑完距離：4.5 公里
由他人檢核，或自行復盤。

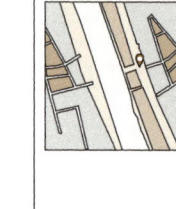

Action 改善
明天開始就改跑這個路線吧！距離絕對超過 5 公里。
根據檢核結果，提出反省或改善。

對於新人或表現不佳的部屬，主管在一開始需要介入管理他們的工作流程。當目標是「一年內拿到大案子」時，為了確保部屬在過程中不鬆懈，可以為他們設定階段性的目標或任務。這些指標可以說是為了達成最終目標而設立的目標，也就是所謂的 KPI。**透過 KPI 將執行階段的任務具體化，可以幫助部屬更快進入「D」（執行）的狀態。**

何謂 KPI？

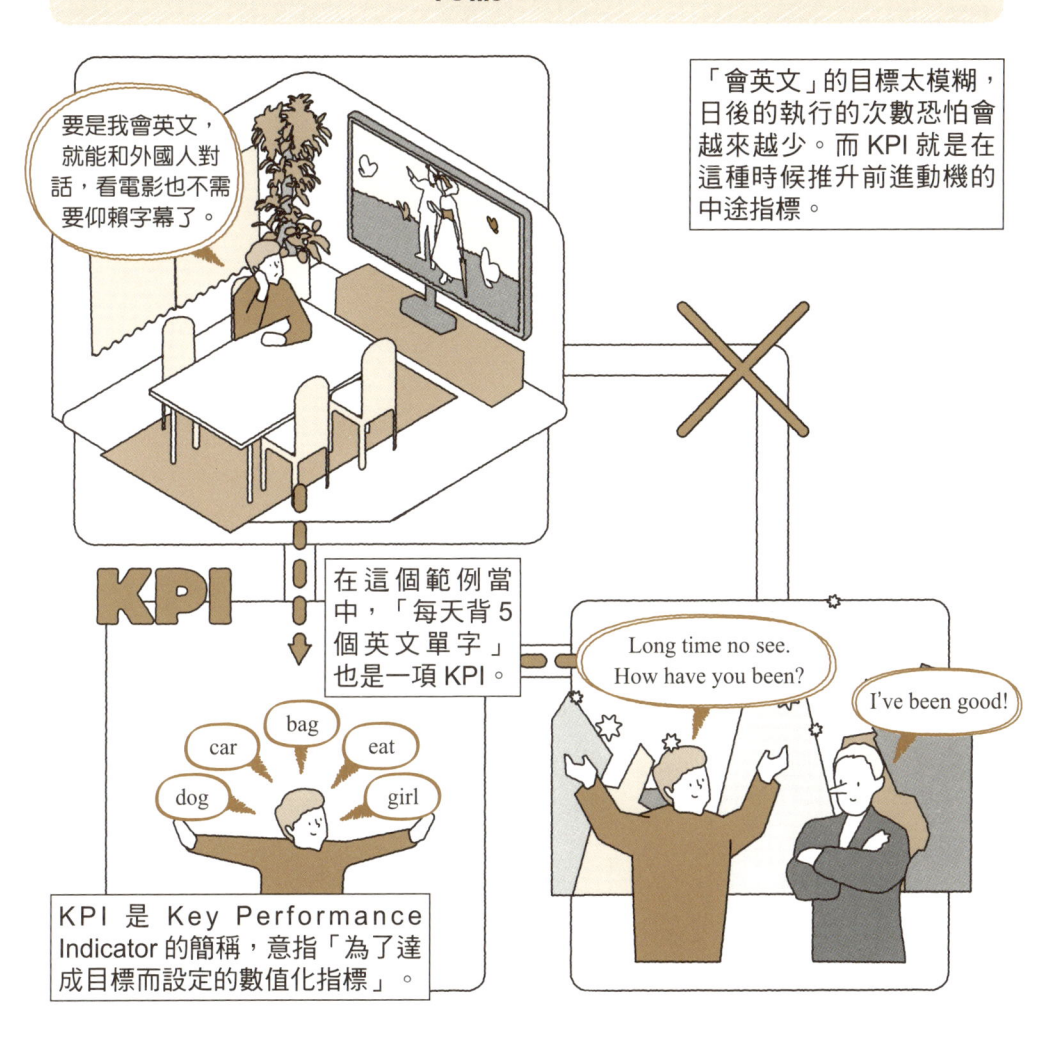

要是我會英文，就能和外國人對話，看電影也不需要仰賴字幕了。

「會英文」的目標太模糊，日後的執行的次數恐怕會越來越少。而 KPI 就是在這種時候推升前進動機的中途指標。

KPI

在這個範例當中，「每天背 5 個英文單字」也是一項 KPI。

bag　car　eat　dog　girl

Long time no see. How have you been?

I've been good!

KPI 是 Key Performance Indicator 的簡稱，意指「為了達成目標而設定的數值化指標」。

【圖解】
解決帶人問題的識學管理法

關鍵字 → ☑ 「手段」與「目的」

50 千萬別把「手段」當「目的」

有些人誤以為只要達成 KPI，就心滿意足。其實，KPI 只是一個階段小目標，為了達成遠大目標所邁進的一小步。

KPI 是為了達成最終目標，在過程中設定的階段小目標。實際運用後，會發現 KPI 的效果顯著，但仍有一些需要注意的地方。例如，假設目標是「每年至少要把一個企劃商品化」。如果 KPI 設定為「每月要提報四份企劃案」，可能會有人因為達成這個 KPI 而感到滿足，卻忽略了真正的目標。換句話說，**將「手段」誤當成了「目的」，就會本末倒置**。

別只因為達成了一個小目標就滿足

KPI 是當前的小目標，在過程中設定 KPI，只不過是讓人更高效邁向終點的手段，KPI 並非最終的目的。

喂！你們在做什麼呀！

不能就此滿足。

達成目標！太棒了！

如果 KPI 不能協助達成最終目標,就沒有意義。然而,從部屬的角度來看,他們很容易將眼前的 KPI 視為最終目標。在這個案例中,部屬應該著眼於下一步行動,例如「在每月完成的四份企劃書中,挑出一份企劃排進討論會議」。因此,**隨時切記最初的計畫(P),不過度執著於 KPI,才是最重要的。**

別忘了在計畫階段設定的大目標

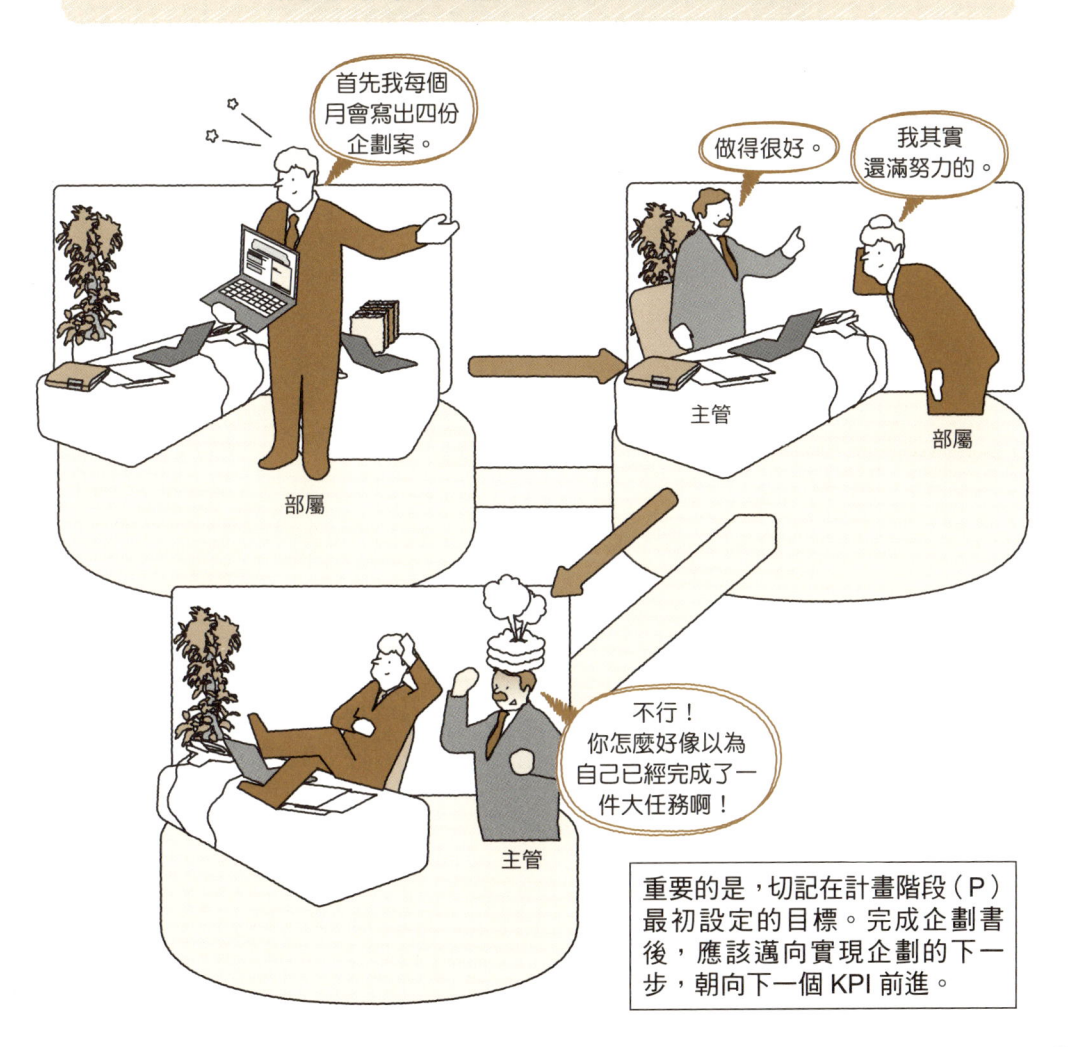

首先我每個月會寫出四份企劃案。

部屬

做得很好。

我其實還滿努力的。

主管

部屬

不行!你怎麼好像以為自己已經完成了一件大任務啊!

主管

重要的是,切記在計畫階段(P)最初設定的目標。完成企劃書後,應該邁向實現企劃的下一步,朝向下一個 KPI 前進。

【圖解】
解決帶人問題的識學管理法

關鍵字 → ☑ 拆解行動

51 拆解行動，再向對方說明

過去是優秀員工的主管，會有一個缺點，那就是在下達指令時，總是描述得很抽象。懂得如何拆解行動、具體說明，才是一流主管該有的表現。

優秀員工一旦晉升為主管，卻往往會在管理上遭受挫折，這種情況屢見不鮮。這類情況通常是因為溝通方式出了問題。特別是那些天才型主管，經常會說出「只要肯努力，總會有辦法」這類抽象的表達方式。他們既然能創造佳績，想必有自己的一套方法論或成功法則，卻無法有效地傳達給部屬。**這是因為他們缺乏將行動步驟拆解開來的思維。**

天才型主管，往往會使用抽象的描述

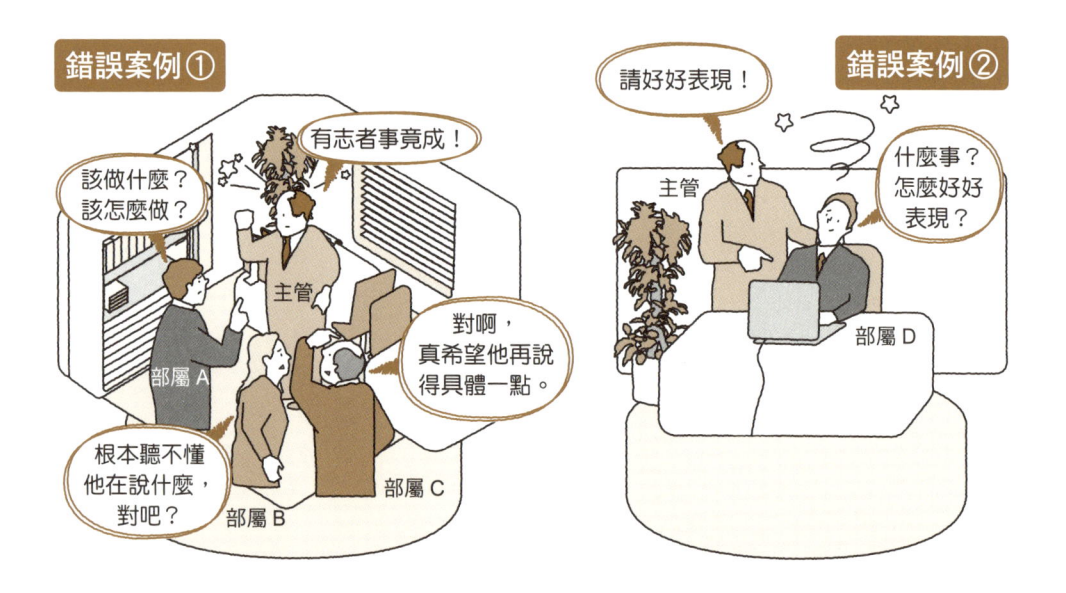

錯誤案例①

該做什麼？該怎麼做？

有志者事竟成！

主管

對啊，真希望他再說得具體一點。

部屬 A

根本聽不懂他在說什麼，對吧？

部屬 B

部屬 C

錯誤案例②

請好好表現！

主管

什麼事？怎麼好好表現？

部屬 D

126

一流主管懂得把行動拆解成步驟,明確指出哪些屬於 P(計畫或目標),哪些屬於 D(執行)。他們不會只是說「努力就會成功」,而是會具體說明「透過降低 A 的進貨成本」、「降低 B 的進貨成本」、「提高顧客單價」來「增加顧客數量」,最終實現「增加利潤」的目標。這種具體而簡潔的表達方式,能讓部屬果斷採取行動。

用淺顯易懂的語言,表達自己想說的話

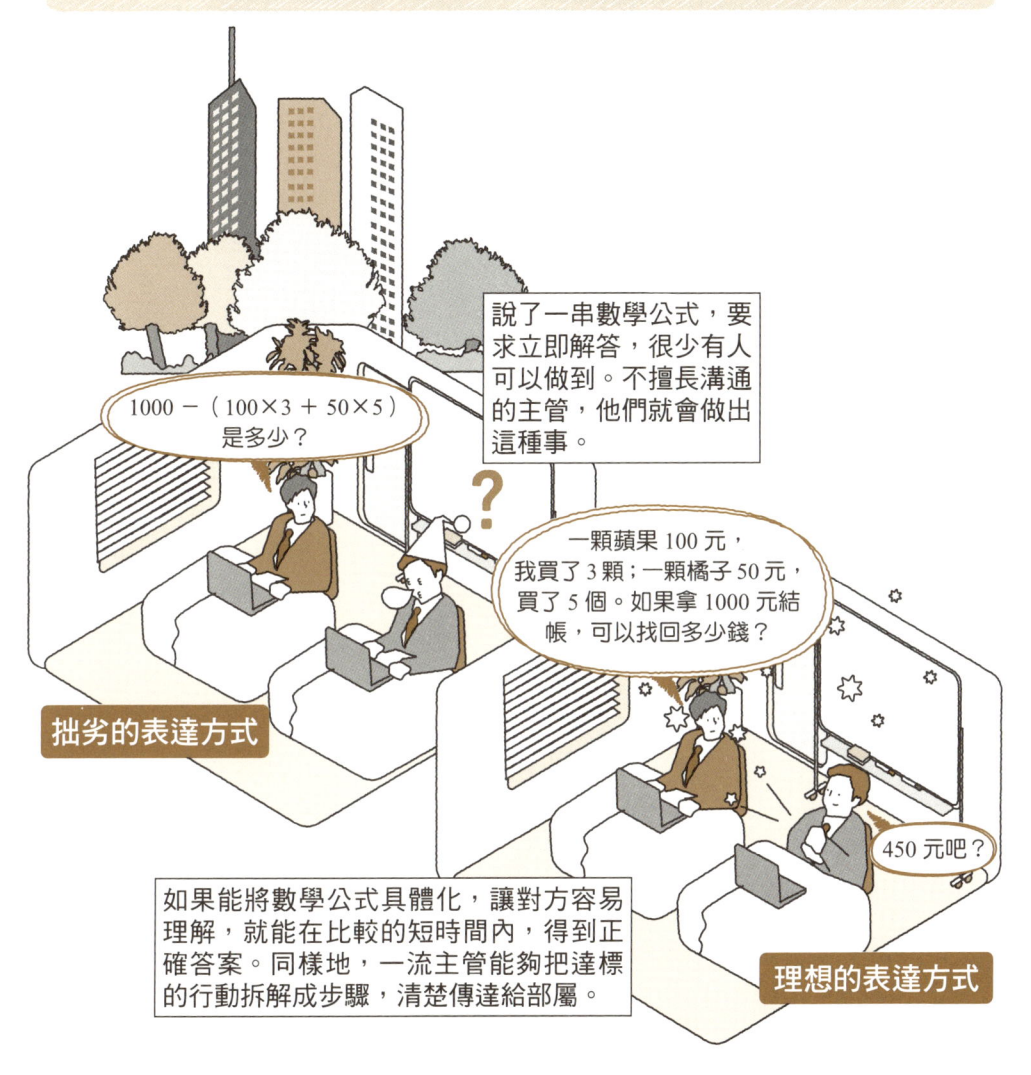

說了一串數學公式,要求立即解答,很少有人可以做到。不擅長溝通的主管,他們就會做出這種事。

$1000 - (100 \times 3 + 50 \times 5)$ 是多少?

拙劣的表達方式

一顆蘋果 100 元,我買了 3 顆;一顆橘子 50 元,買了 5 個。如果拿 1000 元結帳,可以找回多少錢?

450 元吧?

理想的表達方式

如果能將數學公式具體化,讓對方容易理解,就能在比較的短時間內,得到正確答案。同樣地,一流主管能夠把達標的行動拆解成步驟,清楚傳達給部屬。

第 3 章 數值化管理,客觀又能化為行動

【圖解】解決帶人問題的識學管理法

關鍵字 → ☑ 增加行動量

52 數值化考核，最多五個項目

考評項目過多，加上內容模糊，容易導致目標不明確。建議將考評項目控制在五項以內，並盡量以客觀的數字來衡量。

在 PDCA 循環中，行動量代表著 D（執行）階段的次數。在朝著遠大目標穩步前進的過程中，應時刻牢記增加行動量的重要性。然而，許多公司並未將行動量納入考量。首先，還記得公司設定的考評項目嗎？如果記不得，那就有問題了，因為這代表看不見重要的目標。

看似數值化，但考核內容很模糊

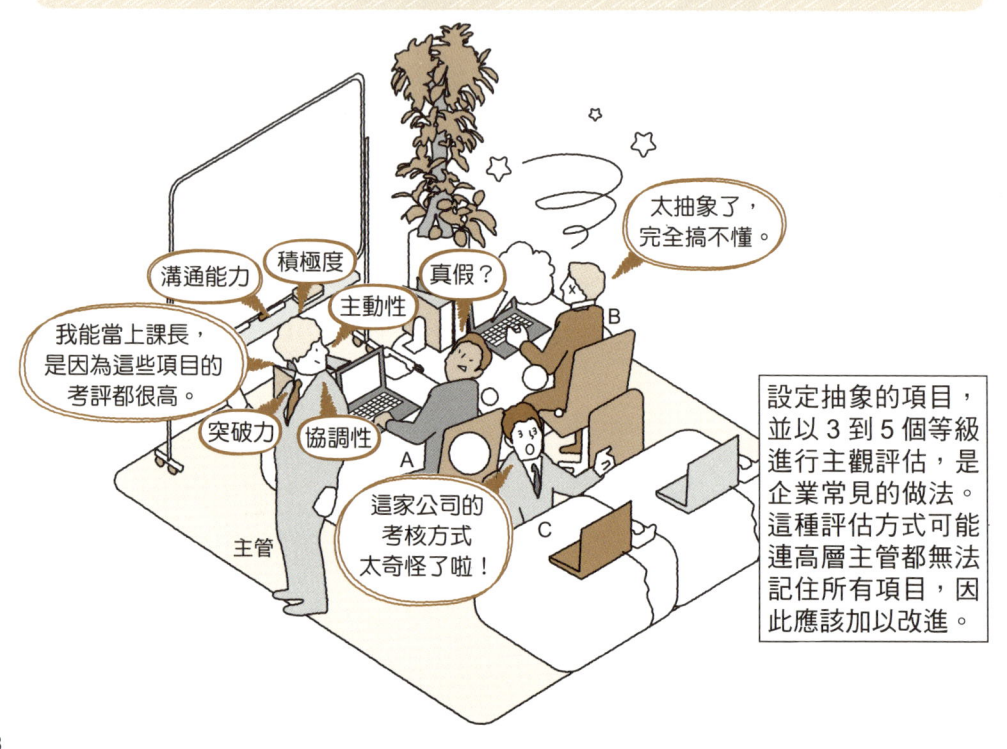

- 溝通能力
- 積極度
- 主動性
- 突破力
- 協調性

我能當上課長，是因為這些項目的考評都很高。（主管）

真假？

太抽象了，完全搞不懂。（B）

這家公司的考核方式太奇怪了啦！（A）

設定抽象的項目，並以 3 到 5 個等級進行主觀評估，是企業常見的做法。這種評估方式可能連高層主管都無法記住所有項目，因此應該加以改進。

難以記住的原因，在於考評項目過多或概念過於抽象。無論是哪種情況，這樣的考評方式都無法引領我們朝向目標向前邁向。積極度、配合度、計畫能力、溝通能力等，都是常見的例子。這些「○○性」或「○○力」的項目，看似客觀，實則主觀。考**評項目最好控制在五項以內，並採用「業績」、「次數」等具體數字，讓第三方也能輕易理解。**

考核標準要精簡，最多五個項目

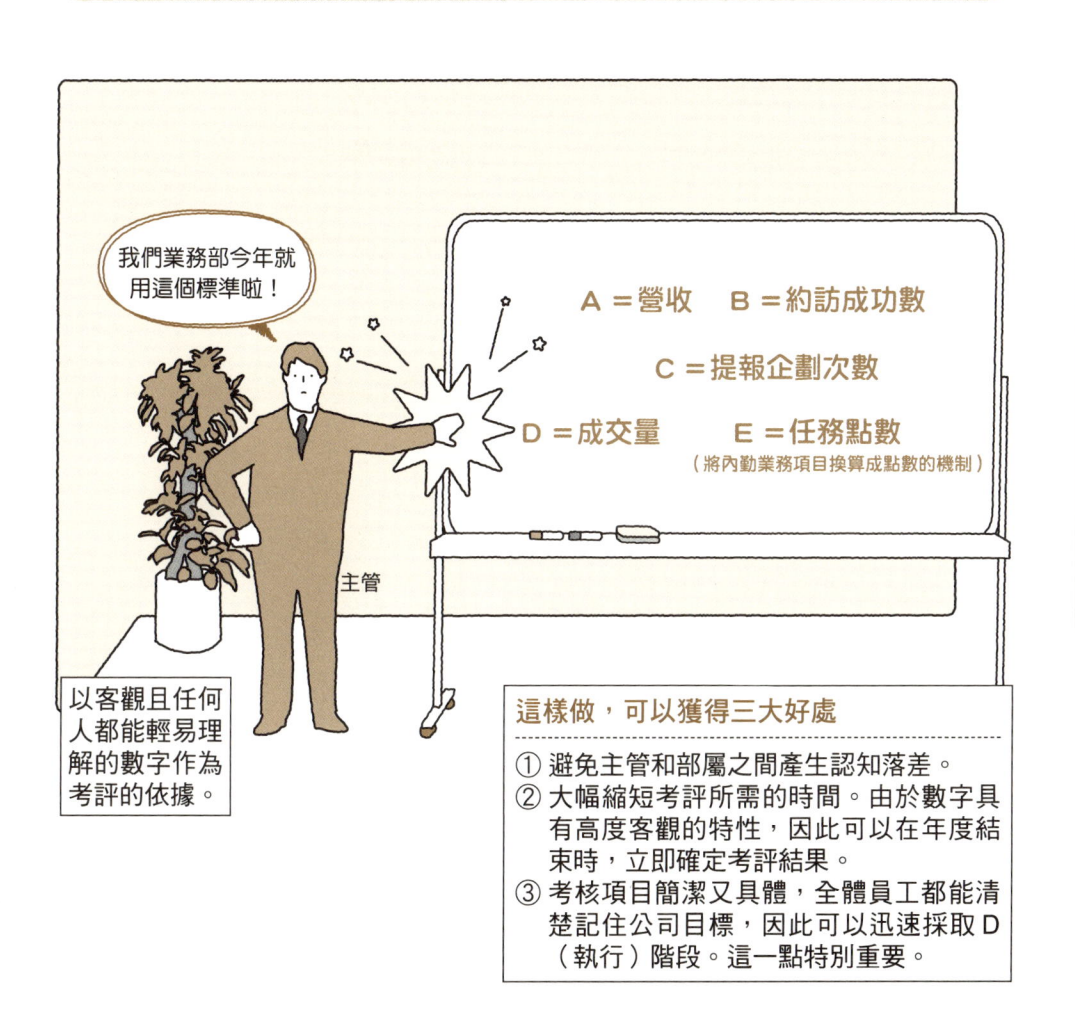

> 我們業務部今年就用這個標準啦！

A＝營收　B＝約訪成功數

C＝提報企劃次數

D＝成交量　E＝任務點數
（將內勤業務項目換算成點數的機制）

主管

以客觀且任何人都能輕易理解的數字作為考評的依據。

這樣做，可以獲得三大好處

① 避免主管和部屬之間產生認知落差。
② 大幅縮短考評所需的時間。由於數字具有高度客觀的特性，因此可以在年度結束時，立即確定考評結果。
③ 考核項目簡潔又具體，全體員工都能清楚記住公司目標，因此可以迅速採取 D（執行）階段。這一點特別重要。

第 3 章　數值化管理，客觀又能化為行動

【圖解】
解決帶人問題的識學管理法

關鍵字 → ☑ 變數

53 難以數值化時，思考重要的元素

即使目標再困難，也必須數值化，否則無法進行有效的考評。
同時也應該思考，為了考評，什麼才是最重要的。

員工的目標通常由主管制定，但這些目標必須可以數值化。例如：業務部的目標可以是成交量、企劃部的目標可以是企劃通過量或執行量、行銷部的目標可以是營業額……然而，有些職務的目標難以量化，例如總務、會計等管理部門，或是設計師等難以客觀考評的職務。即使如此，也應盡可能將目標數值化，並根據結果進行考核。

難以數值化的職務

設計師
工作過程或結果很難以數字考核。

照顧服務員
職務內容不太適合數值化。

即使是難以數值化的職務，也能找到用數字衡量的部分，比如「失誤次數」或「任務積分（每項業務設定的分數）」……重要的是不要輕易認為不可能。例如：對於照顧服務員，可以設定「每天至少與每位照顧對象交談一次」這樣的數值化目標。

在考核部屬時，應避免變數過多的情況。所謂的變數，是指「直接影響工作成果的因素」。例如，若因為增加了企劃案裡的圖表數量，讓企劃內容變得更淺顯易懂，使得企劃通過數變多，「大量圖表」就是變數。如果業務考核項目過多，員工會不清楚自己該從何處著手改進。因此，**「篩選變數」** 也是一項很重要的任務。

小心虛有其表的變數

虛有其表的變數

「積極主動」這種說法無法用數字來表示，屬於個人的價值觀，缺乏客觀性，與個人感想沒有差別。

所有同仁都很積極行動，所以營收也成長了。

部長

課長

你開發到的新顧客數量，成長了50％，也對營收成長很有貢獻。繼續保持喔！

謝謝課長，我會努力。

【何謂變數？】

變數，就是「直接影響工作成果的因素」。即使製作了精美的簡報資料，但在報告時卻未能引起聽眾的興趣，那麼「資料的完成度」就不是變數。相反地，如果注重表達重點，成功提升了簡報效果，那麼「溝通方式」就是變數。在找出變數的過程中，最終的關鍵是「鎖定單一因素」，這才是真正的變數。

課長

正確的變數

這裡提到的不是「比例」，而是更客觀的變化，因此「新客戶的開發量」可視為一個變數。

部屬

第 3 章　數值化管理，客觀又能化為行動

【圖解】
解決帶人問題的識學管理法

關鍵字 → ☑ 設定目標的方法

54 任何情況都用數字考核績效

雖然有人批評，數值化管理可能導致只關注數字而忽視他人等問題，但在這種情況下，仍應秉持透過數字解決問題的態度。

有人擔心，過度追求數字會導致大家只顧自己，忽略他人。確實，這種情況可能會導致部屬減少對客戶的售後服務、員工之間的互助精神消失。這時，我們可以將售後服務的行動轉化為「案件續約率」等指標，將團隊內的互助行為轉化為「協作次數」等數據。**關鍵在於，如何設定目標。**

面對數值化的批評，可以這樣做

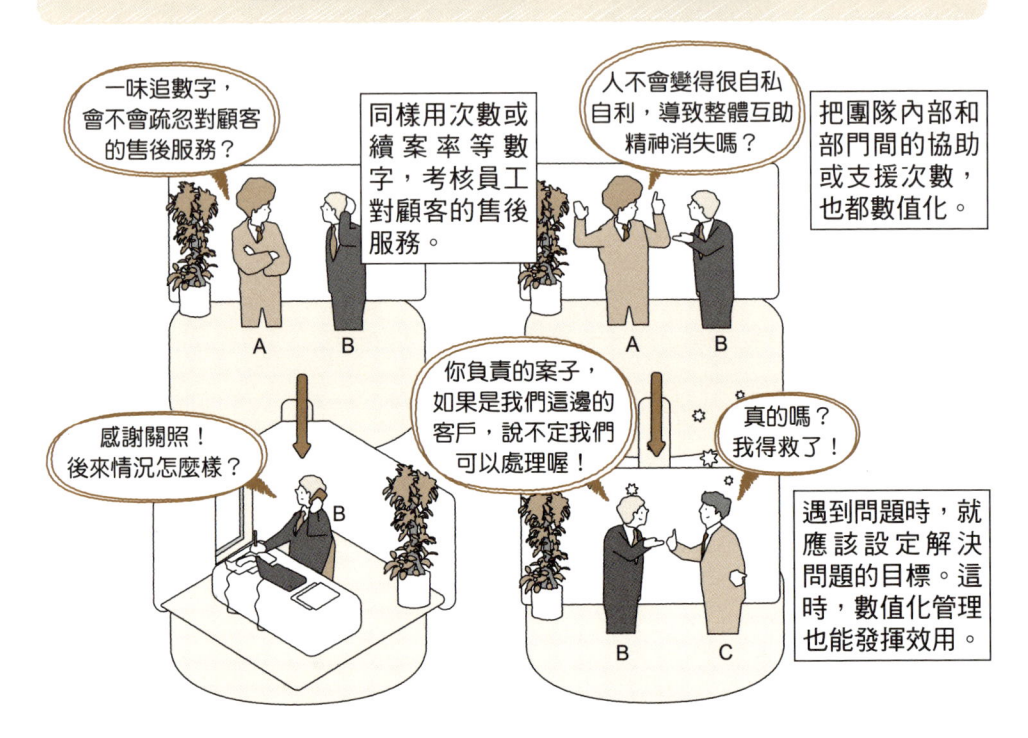

一味追數字，會不會疏忽對顧客的售後服務？

同樣用次數或續案率等數字，考核員工對顧客的售後服務。

人不會變得很自私自利，導致整體互助精神消失嗎？

把團隊內部和部門間的協助或支援次數，也都數值化。

感謝關照！後來情況怎麼樣？

你負責的案子，如果是我們這邊的客戶，說不定我們可以處理喔！

真的嗎？我得救了！

遇到問題時，就應該設定解決問題的目標。這時，數值化管理也能發揮效用。

同樣地，也有人質疑，如果只追求個人目標的達成，而忽略團隊整體的目標，這樣是否恰當？從「識學管理法」的角度，這無疑也是個問題。**個人不應該只關注自己的業績，而是應該以提升團隊績效為目標。**為了徹底貫徹這種意識，必須透過考核制度來改善。重要的是，管理職的考評應該完全基於團隊的整體績效。

別把主管的個人績效列入考核

要能讓個人與團隊的占比變成「0：10」。

重要的是，不評估管理職個人的業績，而是完全根據團隊整體績效進行考核。如果考核主管的個人業績，可能會削弱他們對達成團隊目標的重視。

第 3 章　數值化管理，客觀又能化為行動

【圖解】
解決帶人問題的識學管理法

關鍵字 → ☑ 百分比

55 設定目標時，謹慎使用「百分比」

使用「百分比」（％，比率）設定目標時，可能會造成行動的限制，因為就算績效衰退，但表面上的數字看起來還是有達標。

「成交率 50%」這樣的目標，乍看之下似乎沒什麼問題。然而，這個**「百分比」卻是個陷阱**。因為一旦在 10 個客戶中有 5 個成交，部屬通常就不再洽談第 11 個客戶。他們會擔心失敗導致成交率跌破 50%，因此就裹足不前。同樣地，「與去年同期相比」這樣的標準，也會因為限制行動而產生不良影響。為了不讓來年的目標變得過高，人們會傾向於保留實力。

以「百分比」為目標，容易導致行動量減少

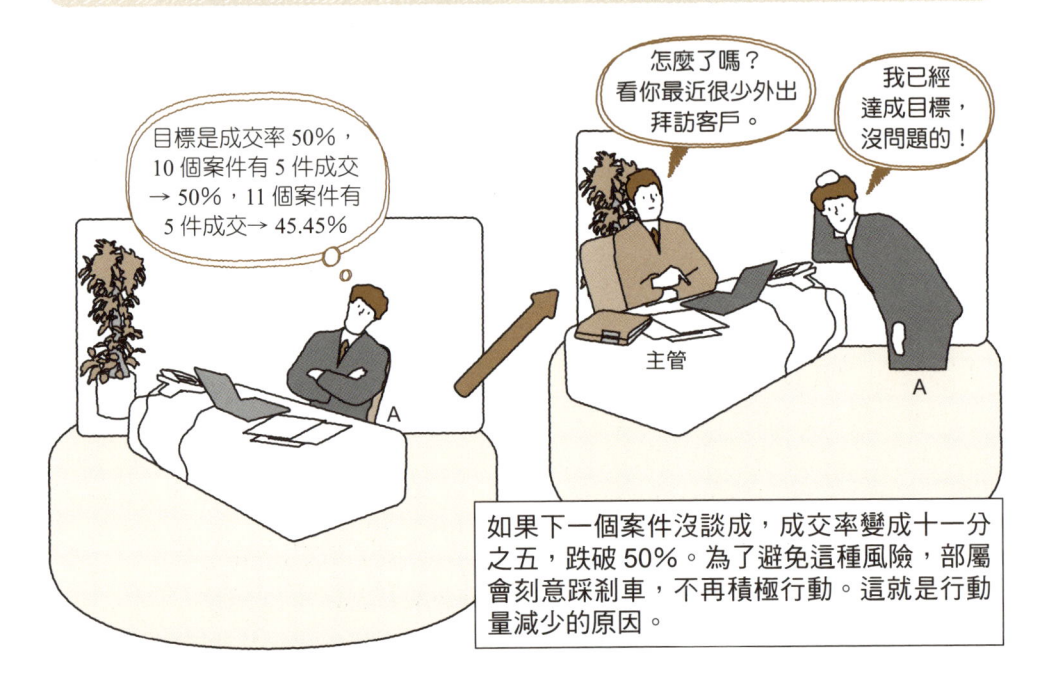

> 目標是成交率 50%，10 個案件有 5 件成交 → 50%，11 個案件有 5 件成交 → 45.45%

> 怎麼了嗎？看你最近很少外出拜訪客戶。

> 我已經達成目標，沒問題的！

主管

A

> 如果下一個案件沒談成，成交率變成十一分之五，跌破 50%。為了避免這種風險，部屬會刻意踩剎車，不再積極行動。這就是行動量減少的原因。

「錄取率90％」是補習班廣告常見的宣傳手法，往往隱藏著「重複錄取」的陷阱。這顯示了百分比容易造成誤解的特性。**主管必須識破百分比背後的真相，引導部屬避免落入這樣的陷阱**。一個有效的方法是，每次都詢問：「雖然達成率只有10％，但分母和分子各是多少？」因為在這種情況下，分母代表的就是行動量。

「百分比」很容易造成誤解

> 本公司今年的獲利表現，對去年比達到500％，很厲害吧！

> 去年的獲利是多少？一萬日元嗎？

錄取率90％的○×△升學補習班

> 聽說這家公司的員工，有50％是東大畢業生！

> 看清楚一點，他們只有兩個員工！

百分比（％）容易被操縱，讓人產生誤解，我們必須保持警惕。為了避免受騙，務必確認分母是多少。因為分母代表著總量，同時也反映了具體的行動量。

第 3 章　數值化管理，客觀又能化為行動

【圖解】
解決帶人問題的識學管理法

關鍵字 → ☑ 績效獎金制度

56 績效獎勵制度的缺點

為了避免員工鬆懈，獎勵制度是有效的方法。然而，如果運用不當，可能會導致員工對組織的歸屬感降低。

團隊中那些不主動工作的成員，即使不扯後腿，也會讓人感到困擾。他們的存在，就算是間接的，也會對團隊產生負面影響。為了在不歸咎於個人的情況下，透過機制來解決這個問題，許多人會想到導入獎勵制度。**雖然獎勵制度能在短時間內促進競爭、激勵團隊，但從長遠來看，也存在一些缺點。**

須特別留意績效獎金制度

優點

根據成果決定報酬的獎勵制度，能夠提升員工的個人積極性，並在公司內部激發競爭意識。

缺點

「他又在搶鋒頭了。」
「那我今天也去拜訪客戶囉！」

只重視眼前績效的員工變多，而這種員工只在乎自己和考評主管，對團隊的歸屬感也會越來越少。

在極端的情況下，績效獎金制度可能導致只有高層主管對員工進行考核，形成「由高層單獨評斷員工表現，並決定薪酬」的局面。如此一來，員工做事時便會只顧著討好高層。**問題的關鍵在於，這種制度缺乏對「組織貢獻度」的獎勵，必然導致員工對組織的歸屬感減弱**，有能力的員工也會因此另謀高就，尋求更好的發展機會。

績效獎金制度真正的缺陷

其他主管職或一般員工

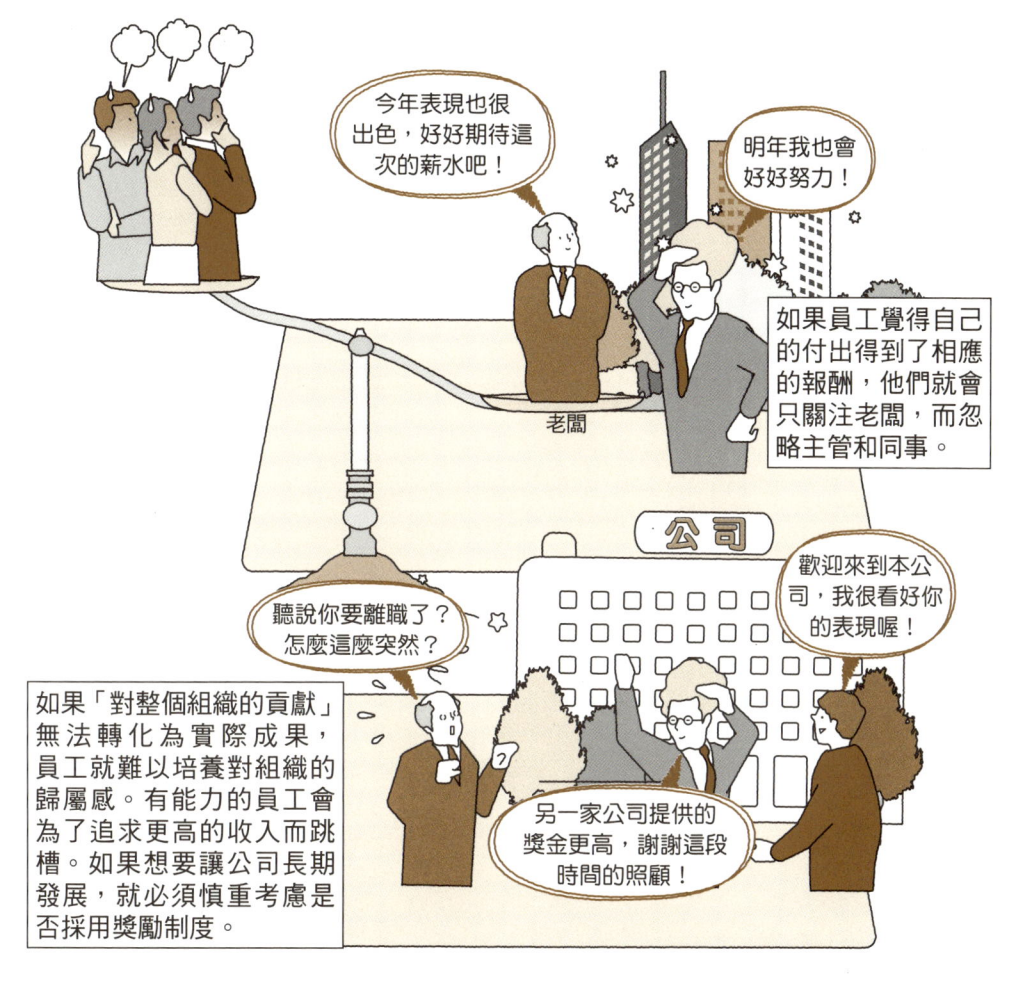

今年表現也很出色，好好期待這次的薪水吧！

明年我也會好好努力！

老闆

如果員工覺得自己的付出得到了相應的報酬，他們就會只關注老闆，而忽略主管和同事。

公司

聽說你要離職了？怎麼這麼突然？

歡迎來到本公司，我很看好你的表現喔！

另一家公司提供的獎金更高，謝謝這段時間的照顧！

如果「對整個組織的貢獻」無法轉化為實際成果，員工就難以培養對組織的歸屬感。有能力的員工會為了追求更高的收入而跳槽。如果想要讓公司長期發展，就必須慎重考慮是否採用獎勵制度。

第 3 章　數值化管理，客觀又能化為行動

【圖解】
解決帶人問題的識學管理法

關鍵字 → ☑ 扣分制考核

57 考核沒有持平，不是加分就是扣分

許多公司常將「維持現狀」視為持平，這種思維容易阻礙成長。考核時，務必做出「加分」或「減分」的評價。

　　許多企業採用「依年資給薪」的制度，卻不知道這正是阻礙成長的元凶。試想一下，在這種制度下，盡可能留在公司變成了一種優勢，甚至可能被誤認為是最終目標，導致員工變得不求進步，安於現狀。**為了避免這種情況發生，引入「扣分制考核」是最有效的方法。**

「依年資給薪」的缺點

雖然「日積月累」聽起來很正面，但在完全依年資給薪的公司裡，容易形成「年輕時忍受低薪，年紀大了再回本」的心態。這樣一來，比起工作表現，在公司待得久反而成了優勢。

（雖然很辛苦，但就只要趁年輕時多忍耐就行了。）

（差不多該輪到我輕鬆賺大錢了吧？）

（領高薪卻不做事？我可是在公司服務這麼多年了耶。）

考核制度通常會給「維持現狀」視為持平，這也成為部屬成長停滯的藉口。其實，**考核就應該做出加分或扣分，並反映在薪資上**。如此一來，企業就能讓**全體員工明白「維持現狀就等於放棄成長」**。如果將考核減薪的部分，回饋給考核加分的員工，一定能在組織內激發動力和危機意識。

有持平和沒持平的考核

A

> 維持現狀的話，就是持平嗎？那下個月再努力就好啦。

如果考評有持平，就會減弱失敗的嚴重性，會讓「下次再努力就好」的藉口變得合理，導致員工停止行動或放棄。

B

> 維持現狀的話，考核就會被扣分。我再不加把勁就糟啦！

廢除考核中的持平，只保留加分和扣分，就能讓員工意識到維持現狀是有問題的。同時，為了彌補扣分，也能激發員工的動力。

【圖解】
解決帶人問題的識學管理法

關鍵字 → ☑ 平均

58 對數字一定要斤斤計較

重視數字固然重要，但如果只看對自己有利的數字，就會產生問題。務必養成深究數字背後意義的習慣。

重視數字固然是好事，但我們必須對潛藏其中的陷阱保持高度警惕。如同「百分比」（見第 55 章節）容易造成誤解一樣，「**平均值**」這個概念也**經常被誤用**。例如，單純比較自己的成績與平均分數，以為高於平均就一定安全，這種想法非常危險。務必養成深入分析數據的習慣，而不只是依賴表面上的數字。

「達到平均就沒問題」是一種錯覺

太好了！
我們團隊還算有達到平均水準！

不能因為「達到平均水準」或「高於平均」就放心。當事人想追求的目標，才是關鍵。

如果用平均值比較條件不同的人，再用對自己有利的方式來解讀，容易導致過度自信與大意。

一流主管會徹底追究數字的細節。身為管理者，有時必須對他人進行考核。這時，若憑藉個人喜好等主觀因素來判斷，將會產生嚴重問題，因為這關係到整個組織或團隊的存續。因此，這時最重要的是以數字為依據來思考。**如果有任何不理解的地方，應追問對方所提出的數字背後的意義，直到確認清楚為止。**

用數字判斷，而不是憑印象

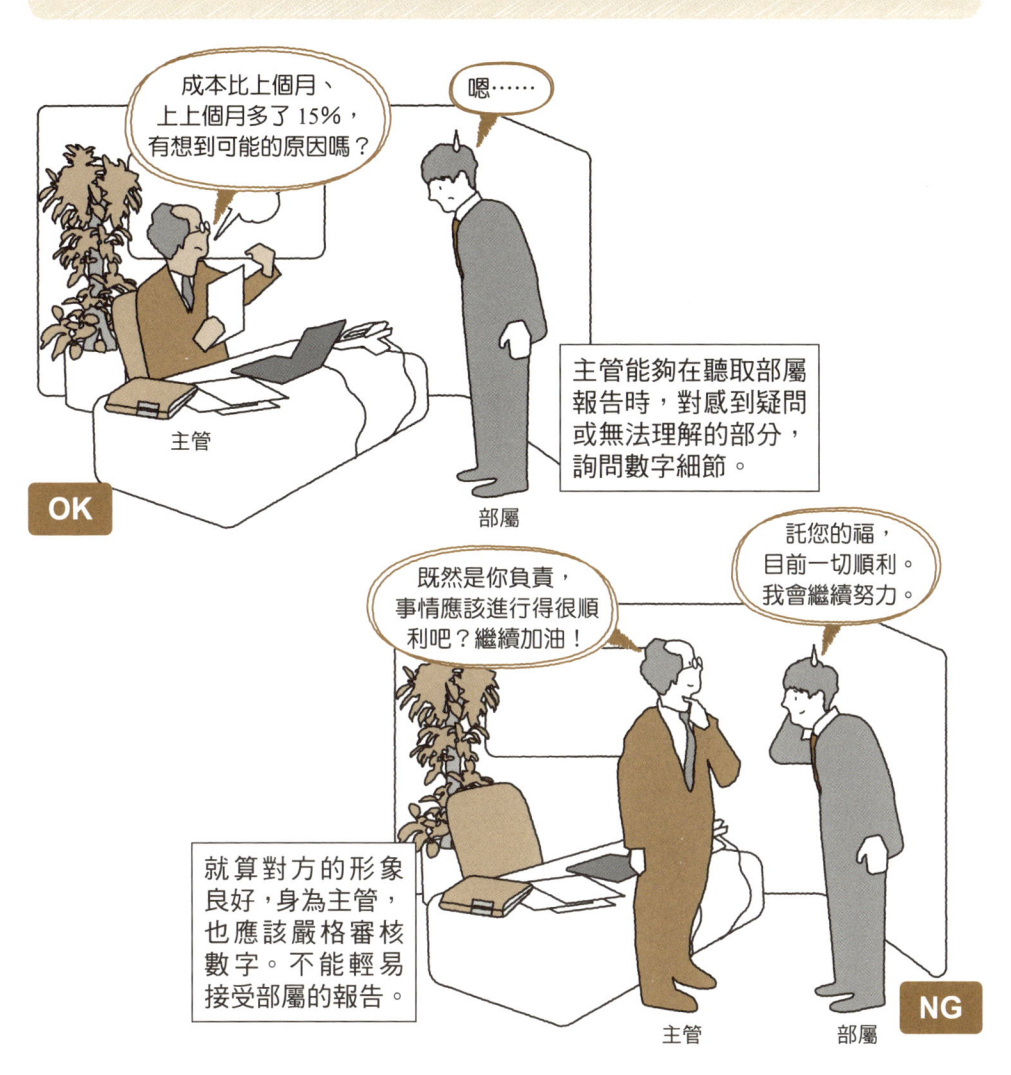

OK

主管：成本比上個月、上上個月多了 15%，有想到可能的原因嗎？

部屬：嗯……

主管能夠在聽取部屬報告時，對感到疑問或無法理解的部分，詢問數字細節。

NG

主管：既然是你負責，事情應該進行得很順利吧？繼續加油！

部屬：託您的福，目前一切順利。我會繼續努力。

就算對方的形象良好，身為主管，也應該嚴格審核數字。不能輕易接受部屬的報告。

【圖解】
解決帶人問題的識學管理法

關鍵字 → ☑ 數值化的目標

59 小心開會帶來充實感的假象

開會後帶來的充實感，需要特別留意。
只有在明確的目標下獲得成果時，才算是成功的會議。

　　冗長的會議結束後，有些人會產生莫名的充實感，彷彿完成了大量工作。然而，這種滿足感往往源於一種誤解，原因出在他們誤以為投入了時間，就一定會對工作績效帶來影響。每當聽到這類人說「很高興能聽到大家的意見」時，就會意識到，有些人仍相信那些與成果無關的因素是關鍵變數。

無法創造績效的數值化，就不是變數

> 我覺得莫名暢快啊！

> 能聽到大家的心聲，我覺得很高興。

> 今天的會議還真的很充實啊！

> 是啊！

開會的時間，並不是變數，因為目標不明確，成果也無法數值化。如果員工因為長時間開會而覺得充實，那只不過是因為他們覺得自己完成一項工作罷了。

142

若想讓會議成功，必須設定數值化的目標。像是「本次會議目標為提出五個新企劃」，如此一來，會議就步上成功的軌道。此外，**行動也要跟目標連結，否則就沒有意義**。因此，以 PDCA（見第 49 章節）的「P」（計畫）為前提，並重視在實現計畫的過程中，D（執行）是否帶來具體成果。

行動必須與目標連結

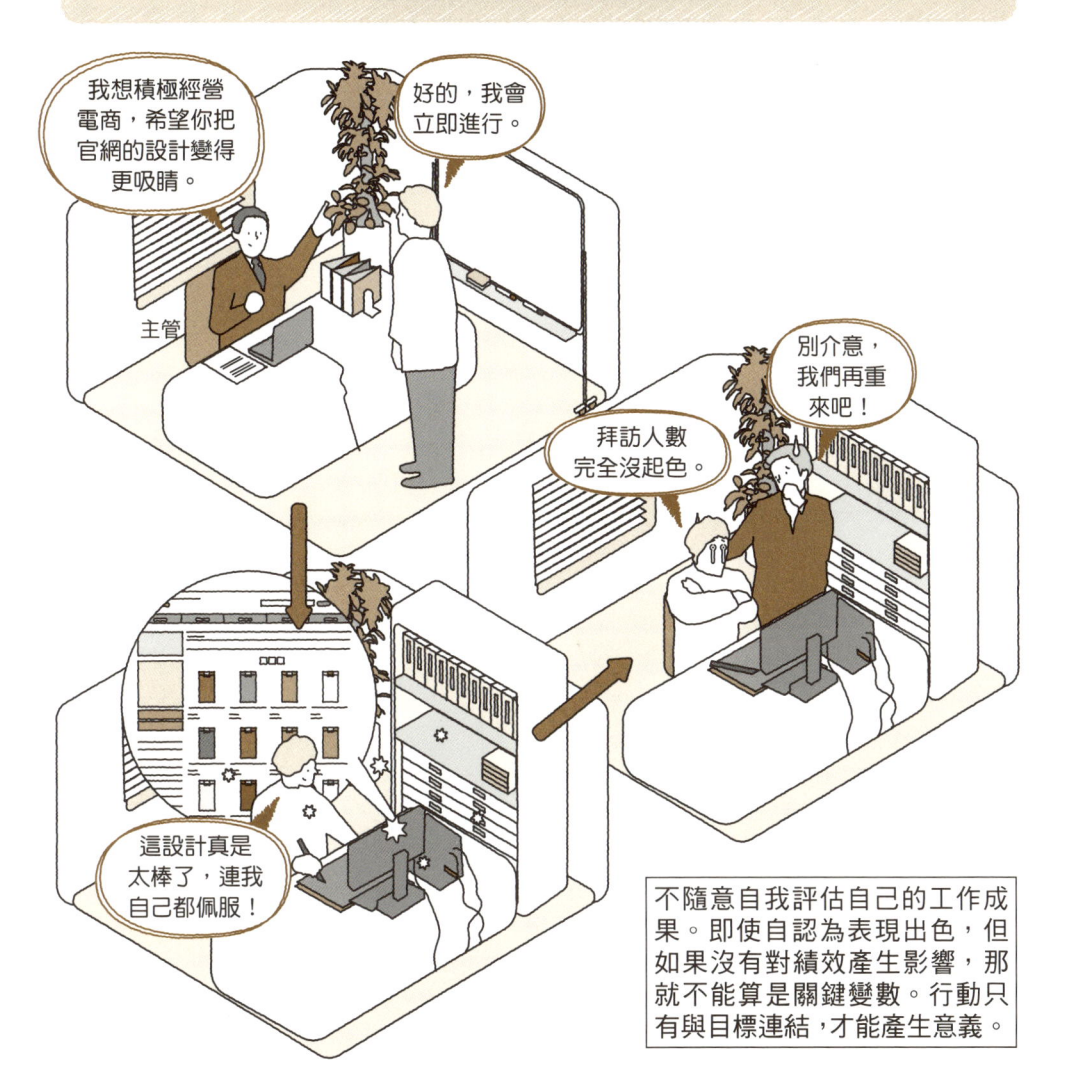

我想積極經營電商，希望你把官網的設計變得更吸睛。

好的，我會立即進行。

主管

別介意，我們再重來吧！

拜訪人數完全沒起色。

這設計真是太棒了，連我自己都佩服！

不隨意自我評估自己的工作成果。即使自認為表現出色，但如果沒有對績效產生影響，那就不能算是關鍵變數。行動只有與目標連結，才能產生意義。

第 3 章　數值化管理，客觀又能化為行動

【圖解】
解決帶人問題的識學管理法

關鍵字 → ☑ 假設

60 成功法則只是假設，不是變數

無論多麼有說服力，他人的成功經驗都只是假設。只有當我們實際運用這些經驗，並在成果上有所改變時，才能成為真正的變數。

頂尖業務員分享的業務訣竅時，提到了影響業績的關鍵因素，也就是所謂的變數（見第53章）。你會如何看待這些經驗分享呢？會不會奉為圭臬，值得參考？當然，**這些經驗談有可能確實蘊含真理。因此，如果視為一種假設，並加以嘗試，那是沒有問題的。**

不要全盤接受別人的成功法則

這些就是我從個人經驗中領悟到的心法。

講台上的人

原來如此。但這些能套用在我身上嗎？

不管聽到什麼樣的資訊，無論內容如何，都應該先視為假設。然後，實際去嘗試，如果成果數據因此發生變化，這個假設就能成為變數。

不過，這還只是假設。**只有當你實際嘗試，並觀察到目標達成數據發生變化時，這個假設才能被視為變數**。這個順序非常重要。無論是在網路上看到的成功故事，還是從主管或前輩那裡聽到的豐功偉業，都只是假設，而非定律。即使工作內容相同，時代背景和個人技能也會有所不同，因此變數太多，無法直接套用。

在「假設」的前提下分享知識

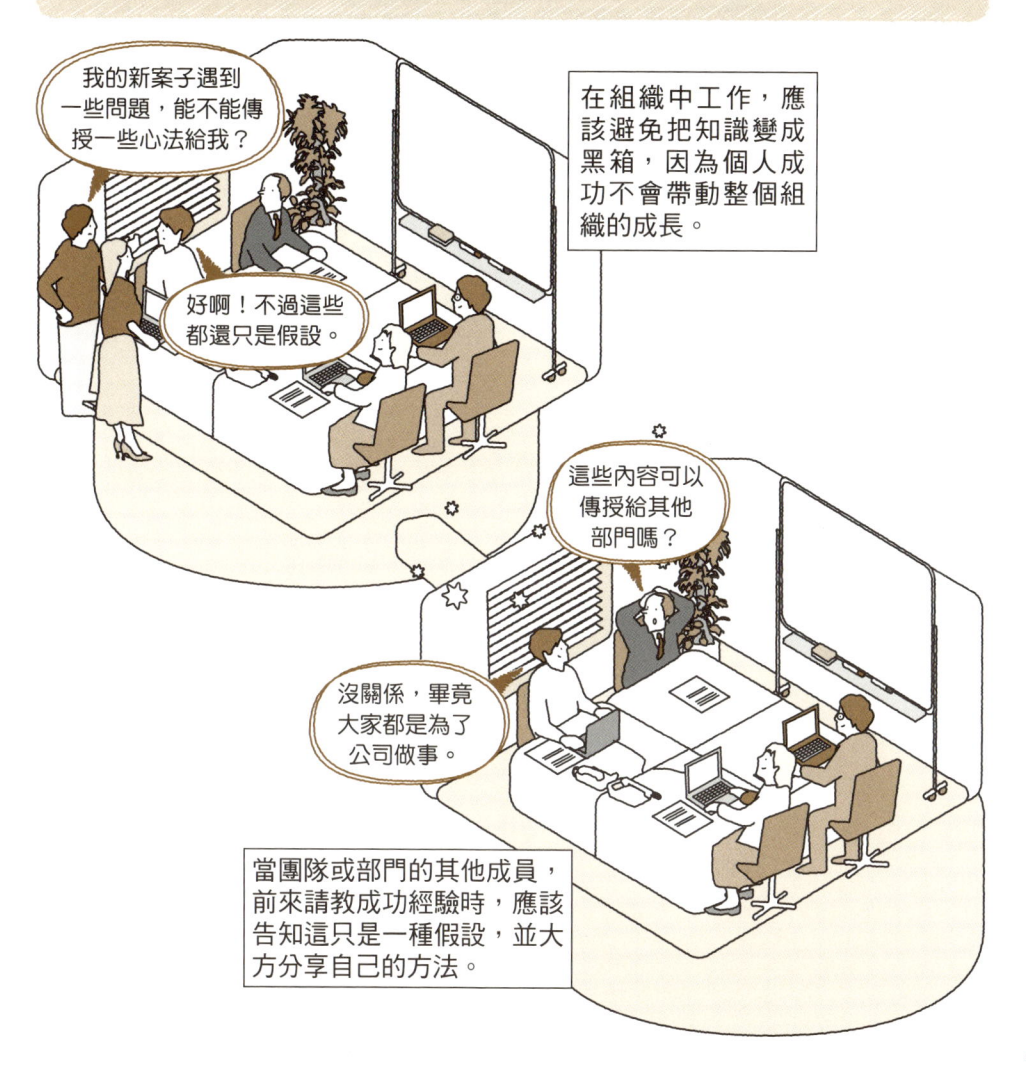

> 我的新案子遇到一些問題，能不能傳授一些心法給我？

> 在組織中工作，應該避免把知識變成黑箱，因為個人成功不會帶動整個組織的成長。

> 好啊！不過這些都還只是假設。

> 這些內容可以傳授給其他部門嗎？

> 沒關係，畢竟大家都是為了公司做事。

> 當團隊或部門的其他成員，前來請教成功經驗時，應該告知這只是一種假設，並大方分享自己的方法。

【圖解】
解決帶人問題的識學管理法

關鍵字 → ☑ 變數的缺點

61 放棄無用變數，提升運作效率

不知不覺中，變數會越來越多。如果變數過多，會導致工作效率下降，因此需要從優先順序較低的開始放棄。

變數的缺點，就是如果放任不管，會不斷增加。例如，在嘗試別人傳授或從網路上學到的假設過程中，許多假設可能轉變成了你認為有效的變數。此外，在工作中，你也可能自己摸索出了一些成功法則。然而，隨著變數不斷增加，你花在思考上的時間也會增加。換句話說，**當你需要關注的事情太多時，整體表現反而會下降**。

雙管齊下，減少變數

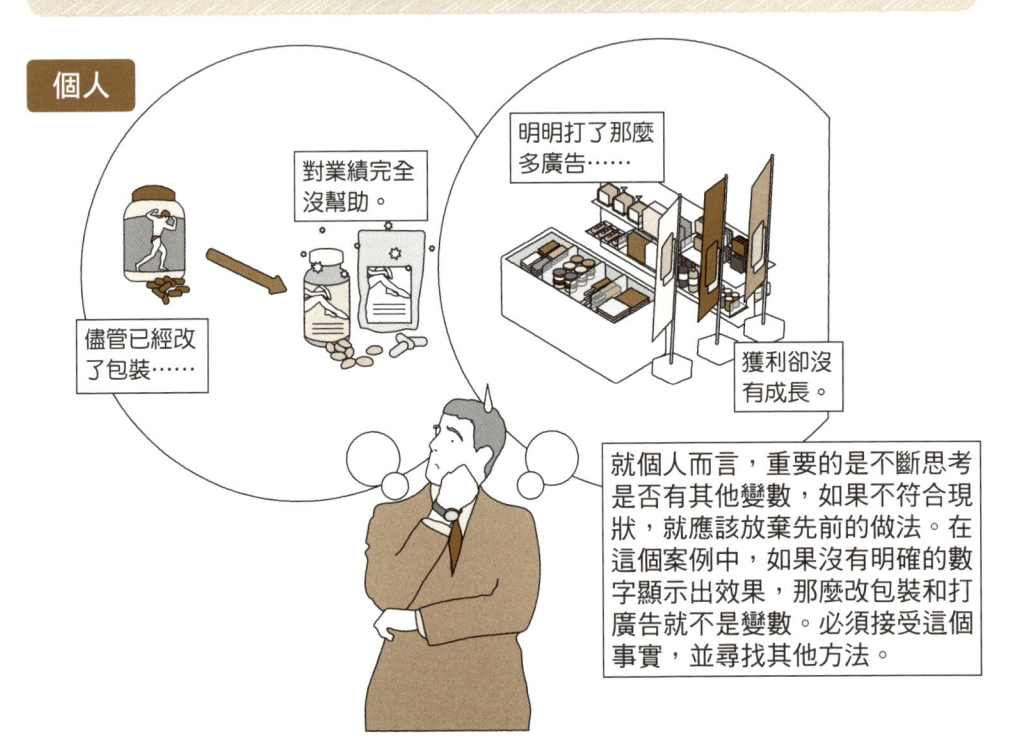

個人

- 儘管已經改了包裝⋯⋯
- 對業績完全沒幫助。
- 明明打了那麼多廣告⋯⋯
- 獲利卻沒有成長。

就個人而言，重要的是不斷思考是否有其他變數，如果不符合現狀，就應該放棄先前的做法。在這個案例中，如果沒有明確的數字顯示出效果，那麼改包裝和打廣告就不是變數。必須接受這個事實，並尋找其他方法。

在此說明一位投資人正在嘗試的方法，他會先寫下 10 件想做的事，然後將其中最重要的 3 件歸類為「現在應該做的事」，其餘則歸類為「不做的事」。**為了專注於更重要的 3 件事，關鍵在於「放棄 7 件想做的事」**。變數也是同樣的道理。有時，放棄優先順序較低的變數也是有效的策略。

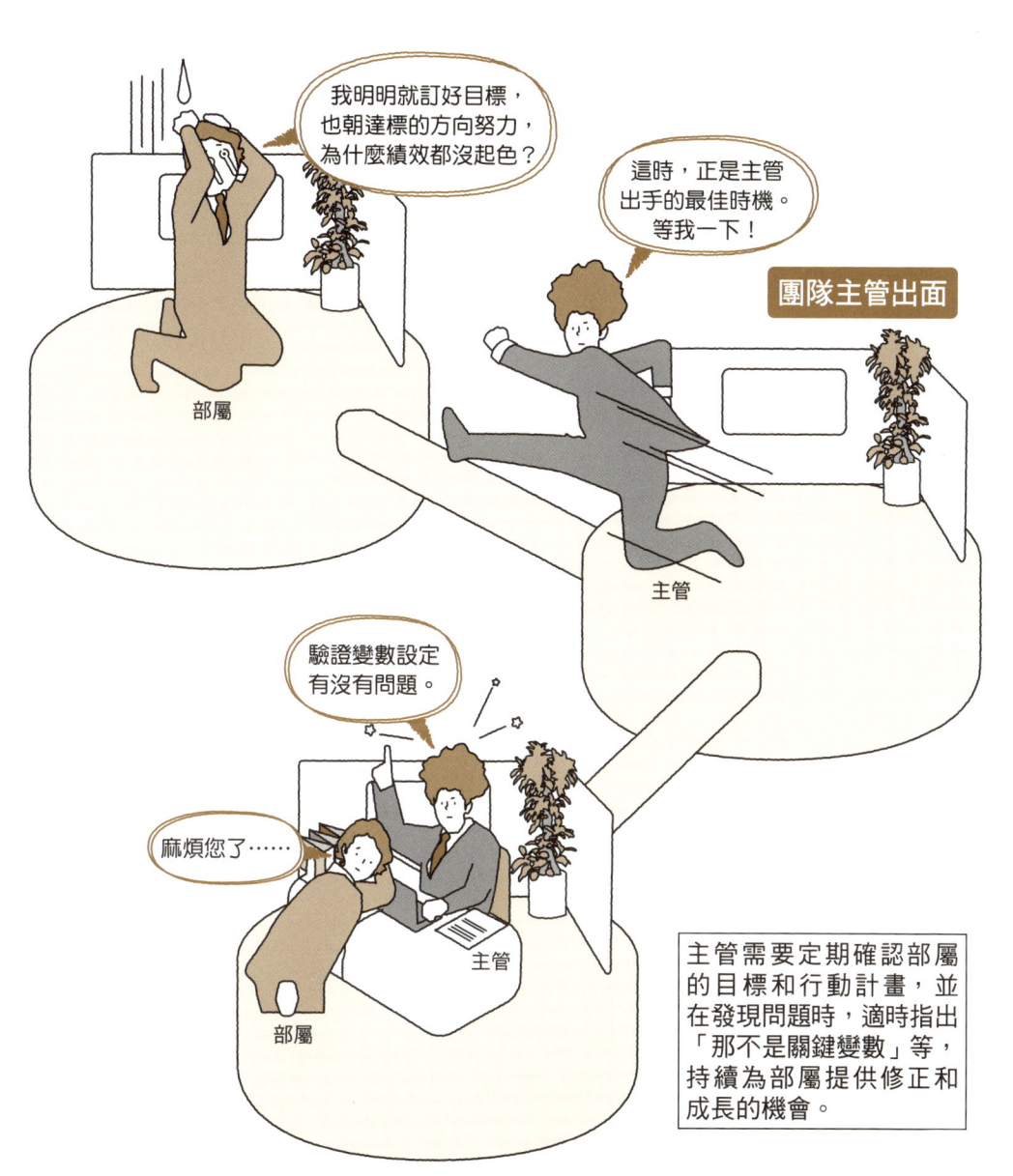

【圖解】
解決帶人問題的識學管理法

關鍵字 ➡ ☑ 非變數

62 檢視部屬設定的變數是否有誤

確認部屬是否執行 PDCA，是主管的職責。
若變數設定有誤時，主管應讓部屬確實了解這個情況。

在日常工作中，員工應當一邊執行 PDCA 循環，一邊完成任務。而主管的工作，則是將 PDCA 中的 P（計畫）階段數值化並進行管理。當部屬是新人或年輕員工時，主管需要檢查他們的 KPI，也就是 D（執行）階段的次數。反之，當部屬經驗豐富時，主管應減少詳細檢查的頻率，並拉長檢查週期。**在 C（檢核）的過程中，主管也需要確認部屬是否「正確設定了變數」。**

讓部屬了解變數的重要性

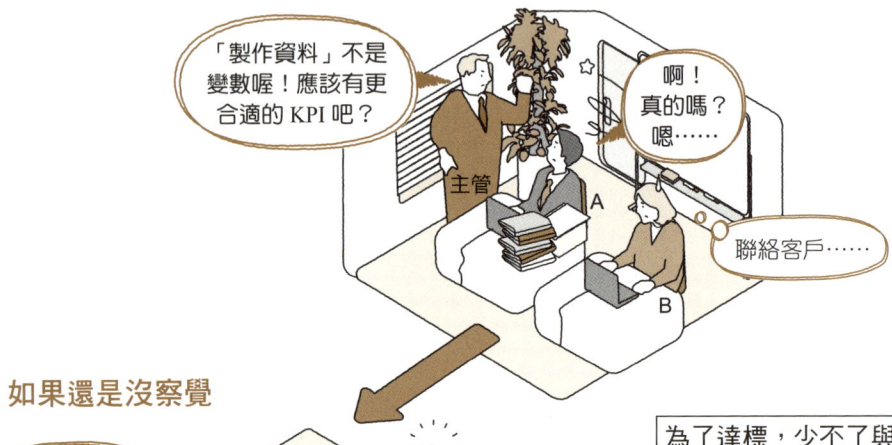

主管：「製作資料」不是變數喔！應該有更合適的 KPI 吧？

A：啊！真的嗎？嗯……

A：聯絡客戶……

如果還是沒察覺

主管：大概多久會和客戶聯絡一次？

A：喔！原來您是這個意思啊？

為了達標，少不了與客戶保持密切聯繫。如果部屬未能意識到這一點，主管有責任引導他們找到答案，並透過實踐讓他們認識到這個變數的重要性。

當部屬把不是變數的項目認定為變數，努力用錯方向時，主管有責任讓他們認清事實，並應引導他們理解目標與 KPI 之間的關聯，並排除那些不是關鍵因素的項目。即使某些 KPI 在過去曾有助於達標，但隨著時間推移和環境變化，也可能不再適用。**如果部屬努力付出卻無法反映在數據上，就代表那不是關鍵變數。**

別把責任推到旁人身上

產品內容、工作環境、天氣等都是無法改變的因素，也就是「常數」，而不是「變數」。將責任歸咎於這些因素是不恰當的。對於這樣的部屬，主管有必要明確指出他們的錯誤。

我負責的區域績效本來就不好。

公司的商品，就是比別人差呀！

天氣這麼差，客人不太願意光顧。

真是難看的藉口……

【圖解】
解決帶人問題的識學管理法

關鍵字 → ☑ 領袖魅力

63 判斷自己是否能掌控

如果理解變數，就能判斷自己是否能夠控制。
我們應該只關注那些自己能夠改變的事。

「將『人』視為變數」的管理法似乎正在流行。這種概念認為，只要有個人魅力的主管發揮領導力，就能帶動團隊。短期內或許能看到成效，**但以個人魅力帶頭的金字塔結構，反而會造成組織內部的分化，長期來看將導致組織衰退。** 將「人」視為變數，其實是對變數概念的誤解。

別仰賴領袖魅力

為了帶動組織氣氛，我們提拔了一位具有領袖魅力的人才擔任主管。

其他員工也會效仿這位領袖，短期內或許能看到成效。

然而，組織內部卻形成了以這位領袖為首的金字塔人際結構……

於是，組織多了一份風險：在缺乏領袖魅力的情況下，整個組織恐將瓦解。

理解變數的概念，就是要承認有些事情是自己無法控制的。對於那些無法掌控的事物，就隨它去吧。同時，區分自己和他人的課題也很重要。與其試圖改變他人，不如改變自己的想法。像是「雖然我們的產品不完美，但我們可以改變行銷方式」，將注意力集中在自己能夠改變的事情上。

不求改變他人，只求改變自己

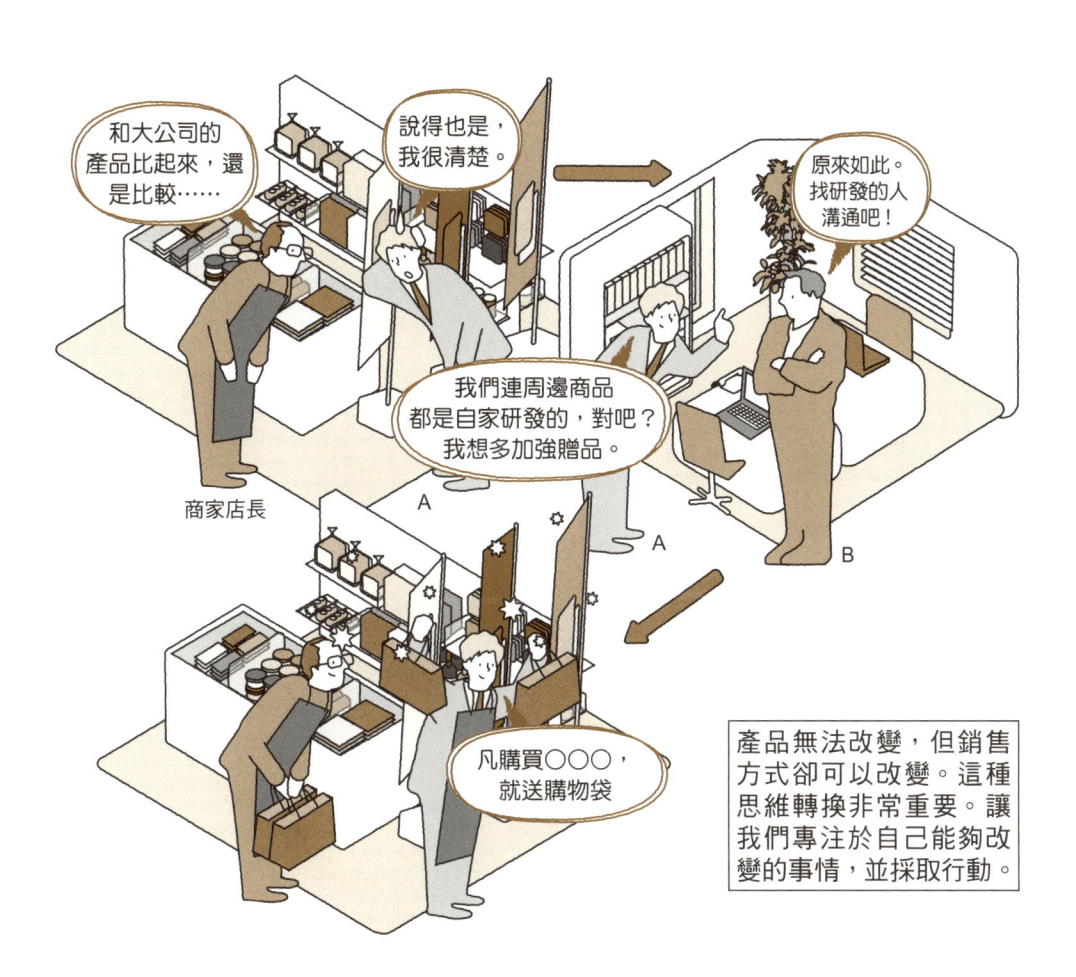

和大公司的產品比起來，還是比較……

說得也是，我很清楚。

原來如此。找研發的人溝通吧！

我們連周邊商品都是自家研發的，對吧？我想多加強贈品。

商家店長

A

A

B

凡購買○○○，就送購物袋

> 產品無法改變，但銷售方式卻可以改變。這種思維轉換非常重要。讓我們專注於自己能夠改變的事情，並採取行動。

第 **3** 章　數值化管理，客觀又能化為行動

【圖解】
解決帶人問題的識學管理法

關鍵字 ➡ ☑ 時間軸

64 以長期的觀點，納入考核

就算需要長時間才能看到成果的工作，為了維持部屬的動力和行動力，主管也應該從長遠的角度出發，進行評估。

假設主管給兩位部屬設定了每月的業績目標。結果，一位部屬「達標，但行動力下降」，另一位部屬「未達標，但行動量增加」。在這種情況下，短期來看前者的表現較好，但長期來看，後者更有成長潛力。此時，KPI 成為關鍵指標。**只要行動量不減少，業績數字遲早會跟上。**

有時績效數字會隨後跟上

達標，但行動力降低的員工

雖未標，但行動量增加的員工

這一位的短期考核成績較出色。

長期來看，這一位比較有發展潛力。

重點應該放在行動量上。即使績效尚未成長，只要行動量不減少，最終績效數字也會跟上。

一般員工往往傾向於從短期角度思考問題。如果他們的工作無法直接與當前的目標有連結，就會失去動力。然而，有些工作需要時間才能展現其價值。在過程中，以半年或一年的時間跨度來判斷其成效並不容易。**然而，為了不讓部屬的行動力減弱，主管應該在考評中納入長期貢獻的概念。**

將時間軸融入考核機制

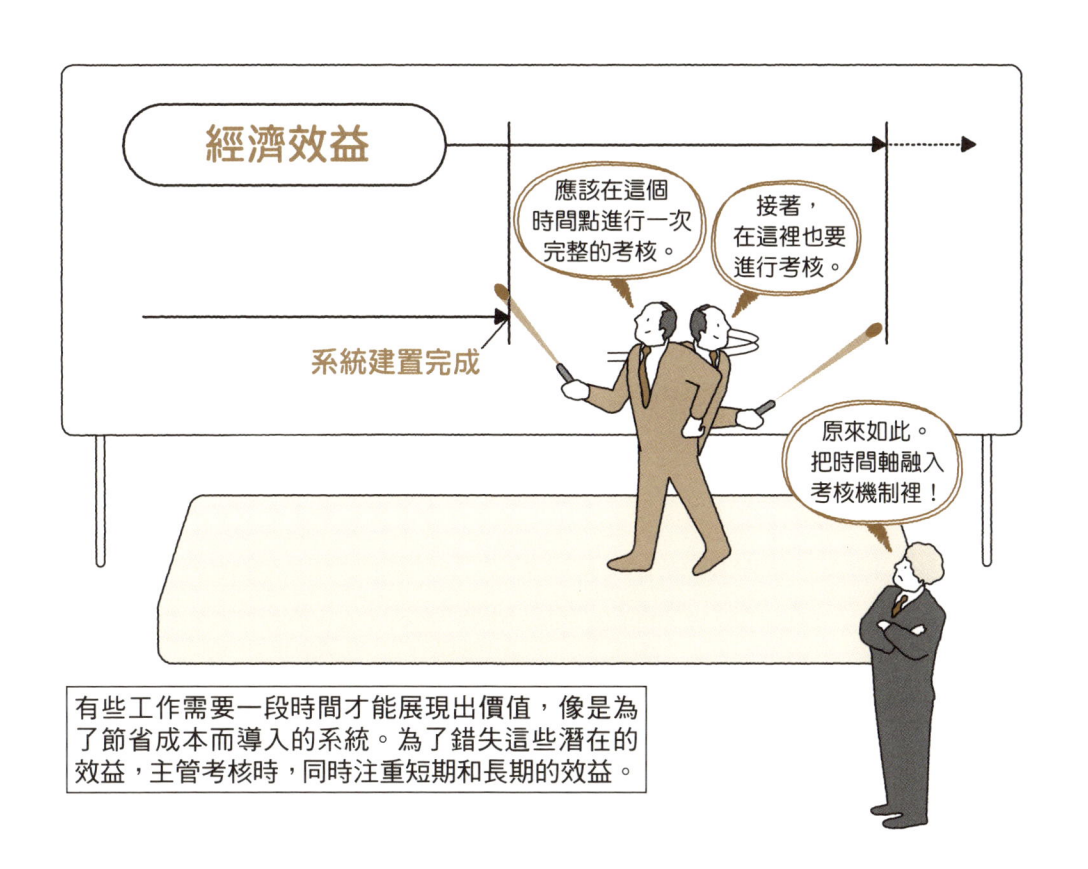

經濟效益

應該在這個時間點進行一次完整的考核。

接著，在這裡也要進行考核。

系統建置完成

原來如此。把時間軸融入考核機制裡！

有些工作需要一段時間才能展現出價值，像是為了節省成本而導入的系統。為了錯失這些潛在的效益，主管考核時，同時注重短期和長期的效益。

專欄 ❸

過度干涉、越權管理，導致組織失能

　　有些公司老闆或主管職喜歡參與基層工作，與員工進行溝通。然而，「識學管理法」認為，老闆與員工在同一個環境下工作，會有三大缺點。

　　首先，員工可能會認為「公司的規定很容易改變」。**如果老闆在現場直接聽取員工意見，並據此不斷修改規則，會顯得公司制度不夠嚴謹。**本來，規定是經營公司必須遵守的重要事項。如果員工知道規定可以輕易改變，他們可能會絞盡腦汁，試圖讓公司制定有利於自己偷懶的規定。這樣一來，就會形成一個規定無法正常運作的組織。

專欄 ❸
過度干涉、越權管理，導致組織失能

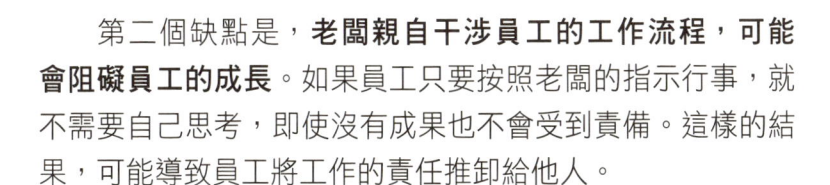

　　第二個缺點是，**老闆親自干涉員工的工作流程，可能會阻礙員工的成長**。如果員工只要按照老闆的指示行事，就不需要自己思考，即使沒有成果也不會受到責備。這樣的結果，可能導致員工將工作的責任推卸給他人。

　　最後，**中階主管在組織中失去意義也是一個嚴重的問題**。老闆的意圖和方針，本來應該透過中階主管傳達給員工。這也是企業設置中階主管的原因。然而，如果老闆直接對員工下達指示，員工就會認為只要聽從老闆的話就可以了。這樣的結果，將導致組織管理結構崩壞，中階主管的士氣也會下滑。

　　綜上所述，老闆對現場的過度干涉，往往會導致組織無法正常運作。這一點，在與部屬共事的中階主管也應留意。

第 **4** 章

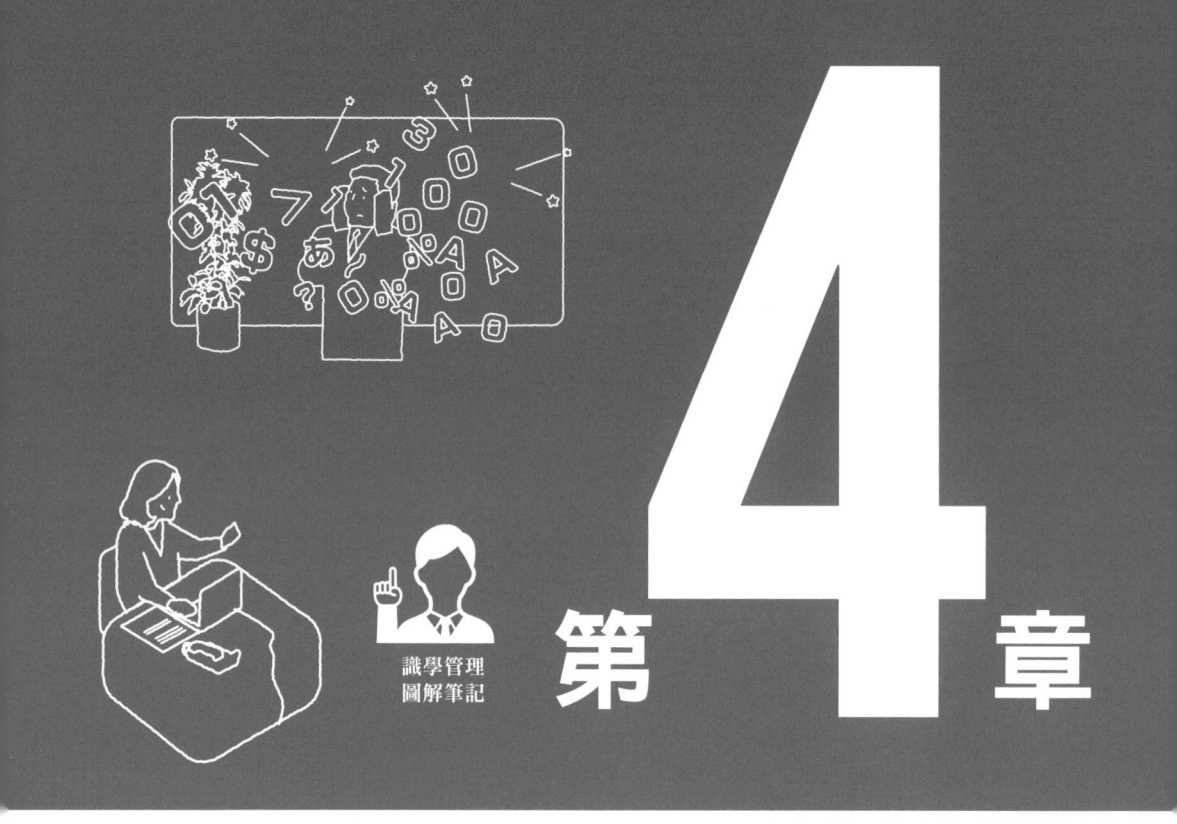

識學管理
圖解筆記

讓部屬信任、老闆相挺的處事之道

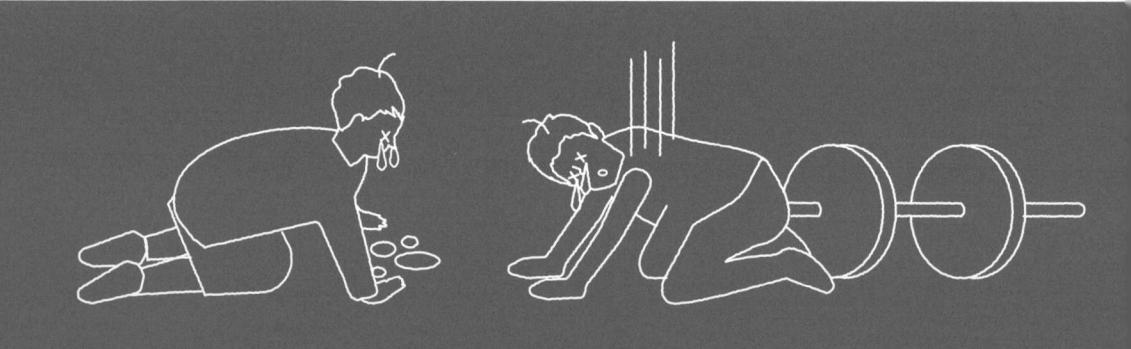

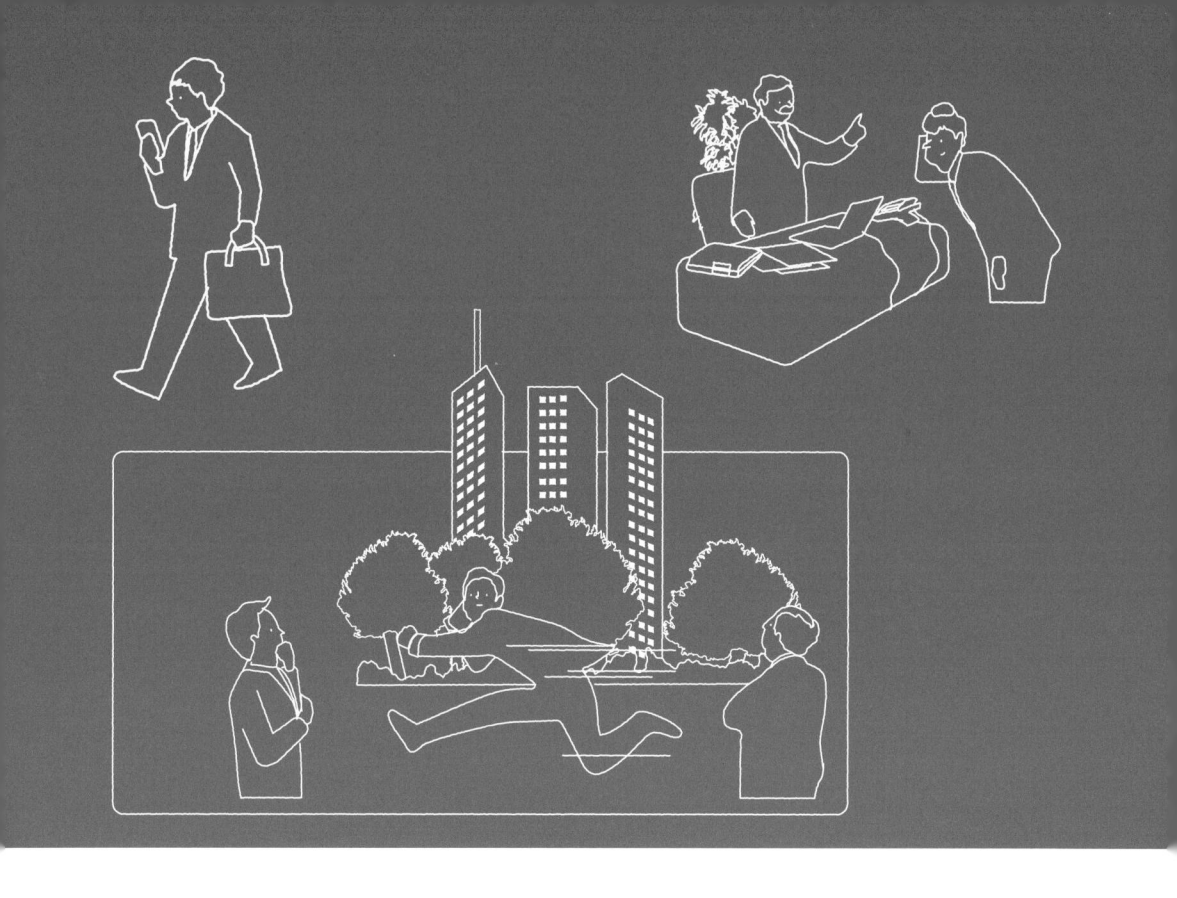

主管雖然身居管理職，但他們本身也受到他人的管理。這些管理者可能是老闆，甚至是整個公司。他們只是被賦予了中階主管的職務，如果無法與員工和諧相處，在公司內將難以有所發展。本章將說明主管應有的正確思維和處事之道。

【圖解】
解決帶人問題的識學管理法

關鍵字 → ☑ 為了公司

65 秉持「為了公司」的精神

中階主管只是部門或團隊的管理者，重要的是要認清自己的角色，遵循公司設定的方向，為公司的整體成長而努力。

即使部屬只有一兩個人，中階主管也不再只是一般的員工，而是團隊的管理者。身為主管，來自部屬和老闆的要求隨之增加，壓力也會變大。這時，很容易產生誤解，因為許多人會在腦海中勾勒出理想主管的形象，並試圖照著那樣行事，但實際上，這種做法往往與真正應該具備的中階主管形象相去甚遠。

這種主管錯了嗎？

部屬由我來保護！

再給我們一點優惠嘛！

即使是為了部屬或客戶著想才做的事，只要違反公司既定的規則或方向，就稱不上是好主管。

遵命！

A（中階主管）

為了保護部屬而對抗公司的主管

客戶

是誰准你自作主張！

了顧客而不惜違反公司規定的主管

社長

158

中階主管常犯的錯誤之一，就是與公司對抗。**中階主管只是部門或團隊的管理者，而不是公司的最高決策者，與能夠自由決定公司發展方向的老闆不同**。中階主管的工作是遵循老闆所指示的方向，監督自己的部門並培養部屬。秉持「為了公司」的精神，首先理解並遵循公司的方針才是正確的做法。

管理職的工作，撐起公司的成長

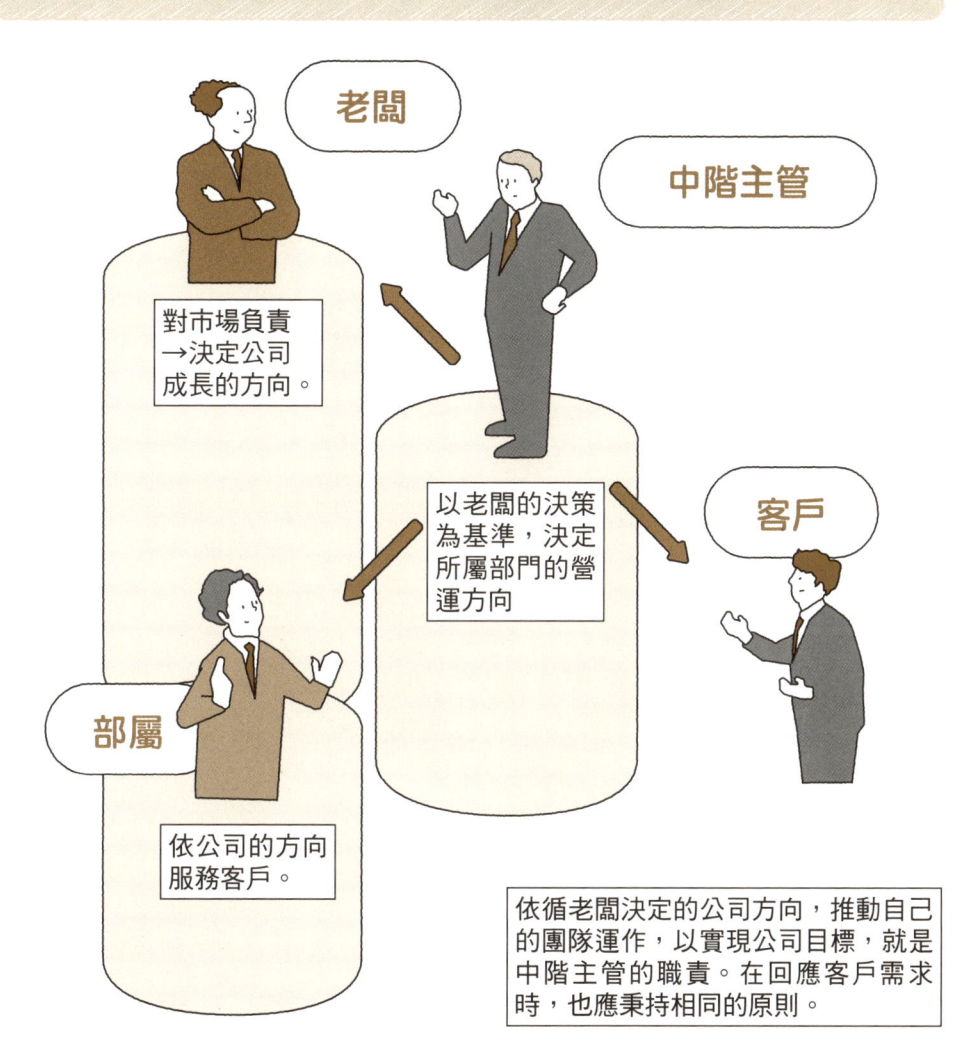

老闆
對市場負責
→決定公司成長的方向。

中階主管
以老闆的決策為基準，決定所屬部門的營運方向

部屬
依公司的方向服務客戶。

客戶

依循老闆決定的公司方向，推動自己的團隊運作，以實現公司目標，就是中階主管的職責。在回應客戶需求時，也應秉持相同的原則。

【圖解】
解決帶人問題的識學管理法

關鍵字 → ☑ 公司既定規則

66 成為深受老闆肯定的主管

「為了部屬」、「為了顧客」的心態,當然重要。
然而,正因如此,我們更要成為一個受老闆肯定的管理職。

有些人認為,中階主管不應該在意老闆的評價,還有更重要的事情值得關注。然而,如果中階主管抱持著「只要部屬工作愉快就好」或「只要滿足客戶需求,就算被上司批評也沒關係」的心態,那麼他們就已經成為公司的絆腳石。**中階主管務必切記,來自部屬或客戶的評價並不等於自己的考績。**

別搞錯是由誰考核

「為了部屬和客戶的利益,即使犧牲自己的考評也在所不惜。」這種說法聽起來或許很崇高,但對公司來說,卻沒有任何好處。

這可不行!你到底是在為誰工作啊?

真的很抱歉。

你說大家是同一條船上?

不好意思……

主管

只優惠一次根本沒意義!

團隊的考核是整體考量,如果因為團隊主管違背公司的方向,而導致個人考績變差,那麼團隊成員的考績也會受到牽連。

違背公司政策提供的服務不可能持久,最終只會招致客戶不滿。

由於中階主管經常直接接觸部屬和客戶（市場），因此很容易產生誤解，但實際上，考核他們的還是老闆。一流的中階主管能夠意識到這一點，並以此為基礎來提升自己的評價。此外，主管的評價也直接影響到部屬的考評。因此，**我們應該努力成為在公司既定規則下，能夠獲得老闆認可的**主管。

不想唯唯諾諾……

> 還真是個奇怪的規定啊！

> 我也覺得。

部屬

> 不需要對任何事情都唯唯諾諾。如果有疑問，就蒐集事實資訊，並向老闆提出修改規則的建議。

> 太好了！我提的意見被採納了。

> 畢竟成功說服了！

主管

> 你辛苦了！

> 聽說提案被否決了。沒辦法……

下屬

> 雖然提案不一定會通過，但身為公司成員，這是必須接受的現實。

部屬

第 4 章　讓部屬信任、老闆相挺的處事之道

【圖解】
解決帶人問題的識學管理法

關鍵字 → ☑ 主管要求的課題

67 升遷不是靠「積極表現」

認為沒有獲得升遷，是因為缺乏表現機會是錯誤的。
持續滿足組織的要求，才是晉升的關鍵。

升遷的關鍵，不在於向上司邀功，而是成為對公司有益的人才。決定權在於上司，而上司本身也受到更高層級的考核，逐步晉升。**與其抱怨缺乏表現機會，不如正確理解上司的要求，並檢視自己是否符合這些要求。**

「積極表現」常見的誤解

想要升遷，就必須了解如何獲得好評價，以及上司對自己的期望，並付諸行動。那些抱怨自己缺乏表現機會的人，只是在為自己的失敗找藉口。

A：一個跟我同期進公司的同事很會邀功，所以升遷得很快。但我才不想變那樣。

B：如果升遷一定要靠拍馬屁，那我寧願不升遷。

C：不對，說到底，自我行銷和升遷根本沒關係！

D：雖然他說的話好像很有道理，但如果公司真的是那樣，根本就無法運作吧。

再次強調，持續成為對公司有貢獻的人才，才是晉升的關鍵。這需要**落實「回應主管的要求」，履行身為職場人士的基本職責**。因此，那些強調積極表現的人，只是在為自己的不足找藉口。優秀的中階主管不會找這種藉口，因為明白這不是升遷的根本原因。

不要牽連部屬

【圖解】
解決帶人問題的識學管理法

關鍵字 → ☑ 介於兩者之間

68 切記自己是上下關係的橋梁

中階主管的職責,是老闆與部屬之間的橋梁,
絕不能成為造成雙方分歧的導火線。

一般員工時期只需關注與老闆的關係,**但成為中階主管後,就必須同時兼顧與老闆和部屬之間的關係,成為對雙方都有益的角色**。為此,中階主管需要帶領團隊達成老闆的要求,並將成果與部屬共享。這正是中階主管的職責所在,扮演好老闆與部屬之間的溝通橋梁。

切勿製造老闆與部屬之間的分歧

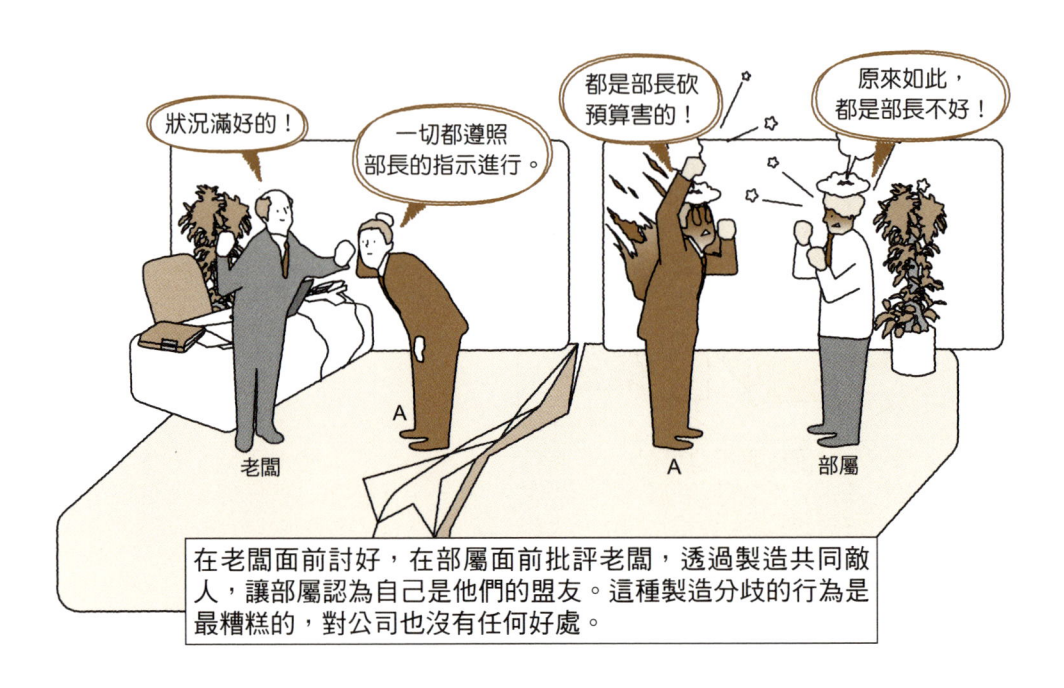

> 狀況滿好的!

> 一切都遵照部長的指示進行。

> 都是部長砍預算害的!

> 原來如此,都是部長不好!

老闆　　　　　　　　A　　　　　　　A　　　　　部屬

在老闆面前討好,在部屬面前批評老闆,透過製造共同敵人,讓部屬認為自己是他們的盟友。這種製造分歧的行為是最糟糕的,對公司也沒有任何好處。

這時，與部屬之間的關係就會成為瓶頸。主管和部屬所追求的利益往往有所差異。**對部屬來說，真正有益的是自身的成長，以及隨之而來的獎金。**然而，成長的過程必然伴隨著辛苦，部屬未必喜歡，他們可能更傾向於追求眼前的好處。儘管如此，主管還是必須為部屬選擇長遠的利益。

跟部屬分享未來的利益

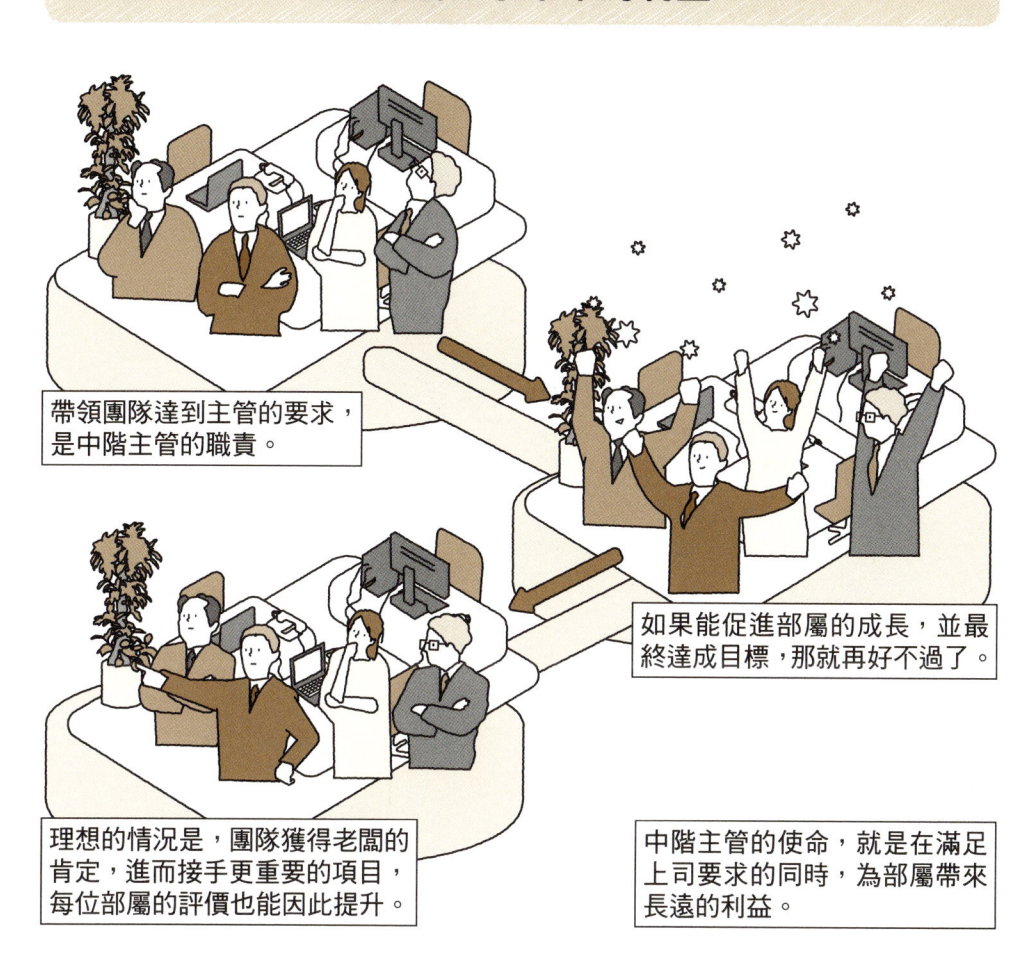

帶領團隊達到主管的要求，是中階主管的職責。

如果能促進部屬的成長，並最終達成目標，那就再好不過了。

理想的情況是，團隊獲得老闆的肯定，進而接手更重要的項目，每位部屬的評價也能因此提升。

中階主管的使命，就是在滿足上司要求的同時，為部屬帶來長遠的利益。

【圖解】
解決帶人問題的識學管理法

關鍵字 → ☑ 決策是上級主管的工作

69 別搬出上頭，才能贏得部屬信任

如果主管總是搬出老闆來說服，那麼部屬就不會願意服從。
主管應該履行自己的職責，贏得部屬的信任。

舉例來說，以主管來說，如果借用老闆的權威，或許能更有效率、更輕鬆管理組織。然而，總是這樣做，就不是一位稱職的主管。如果部屬不聽話就找老闆告狀，或是像傳話筒一樣傳達老闆的指示，這種**「搬出老闆」的管理方式只會讓部屬感到失望**。他們自然會認為，沒有老闆，這位主管就什麼都做不了。

「搬出老闆」無法贏得部屬信任

有些中階主管因為部屬不服從，就借用老闆的權威，這種情況不少見。然而，這種人的指示只會讓部屬更不願意服從。

他難道都沒自己的想法嗎？

……老闆是這樣說的。

身為主管，最糟糕的情況就是不經思考地傳達老闆的話，彷彿只是個傳聲筒，最後還補上一句「老闆是這麼說的」。

誒~

身為主管，應該做的就是自信做出決定，並傳達給部屬。決定團隊方向是主管的責任。**為了在不依賴老闆的情況下管理團隊，請老闆不要直接與部屬溝通也是有效的做法。**只要你能獨當一面，好好扮演主管的角色，自然會獲得部屬的信任。

不靠老闆權威，如何帶領部屬與團隊？

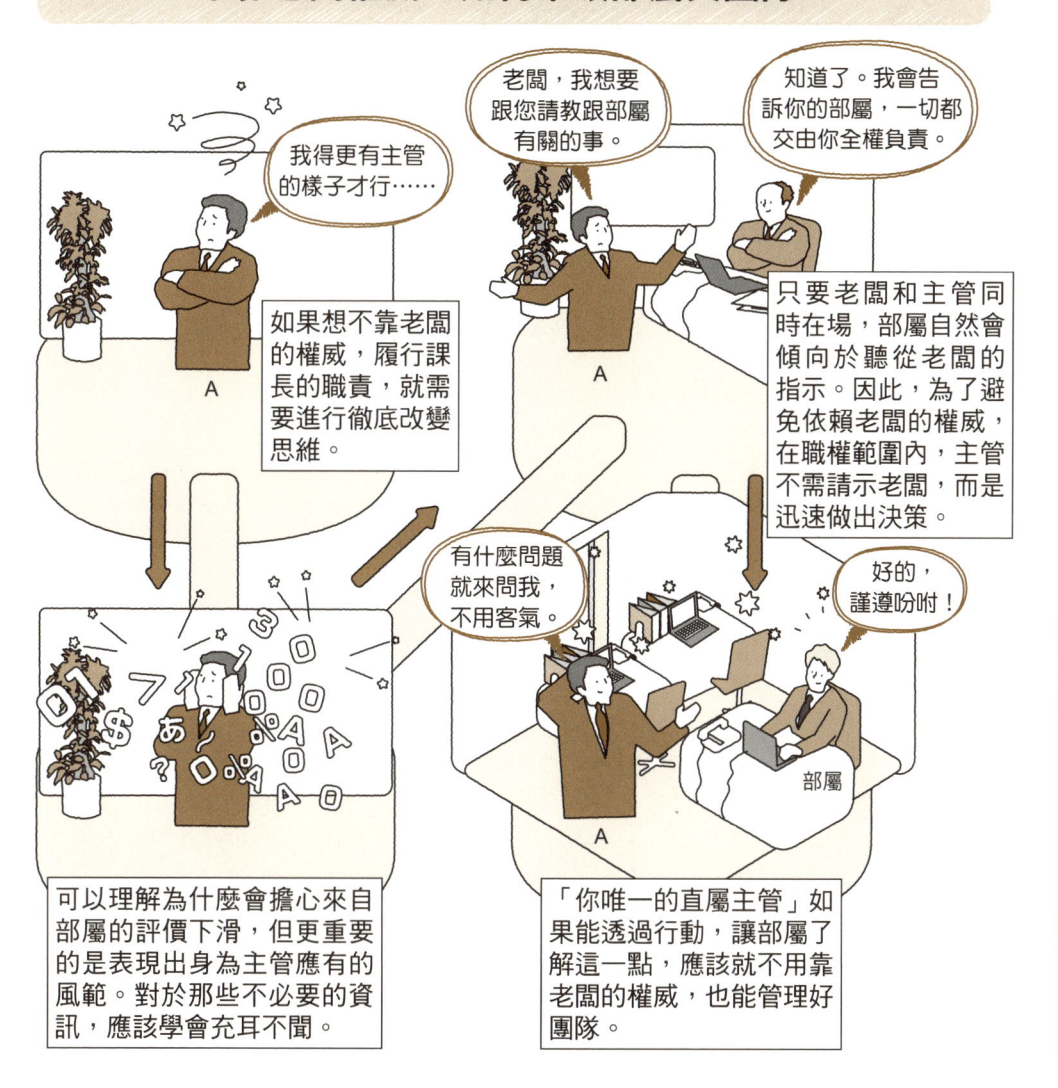

> 我得更有主管的樣子才行……

A

如果想不靠老闆的權威，履行課長的職責，就需要進行徹底改變思維。

> 老闆，我想要跟您請教跟部屬有關的事。

> 知道了。我會告訴你的部屬，一切都交由你全權負責。

A

只要老闆和主管同時在場，部屬自然會傾向於聽從老闆的指示。因此，為了避免依賴老闆的權威，在職權範圍內，主管不需請示老闆，而是迅速做出決策。

A

可以理解為什麼會擔心來自部屬的評價下滑，但更重要的是表現出身為主管應有的風範。對於那些不必要的資訊，應該學會充耳不聞。

> 有什麼問題就來問我，不用客氣。

> 好的，謹遵吩咐！

部屬

「你唯一的直屬主管」如果能透過行動，讓部屬了解這一點，應該就不用靠老闆的權威，也能管理好團隊。

【圖解】
解決帶人問題的識學管理法

關鍵字 → ☑ 主管不是競爭對手

70 千萬別跟老闆爭輸贏

和部屬一起批評共同的主管,或許可以暫時凝聚向心力,但身為帶領團隊的主管,這樣做實在不合格。

身為主管,如果你跟部屬一起批評老闆,或許能暫時凝聚人心。然而,這種效果只是短暫的,因為並未真正解決問題。**如果主管的首要任務變成「否定老闆的做法」,而這也跟達標無關,那麼就應該重新思考自己的行為。**

王牌員工,反而容易成為糟糕的中階主管?

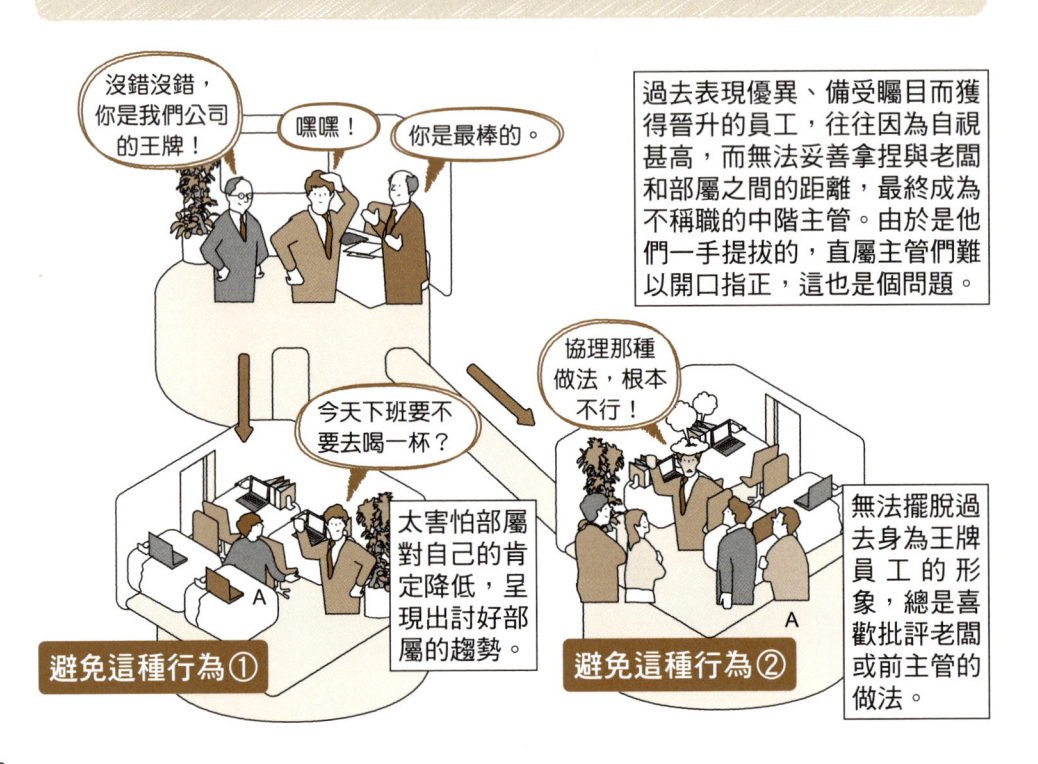

「沒錯沒錯,你是我們公司的王牌!」
「嘿嘿!」
「你是最棒的。」

過去表現優異、備受矚目而獲得晉升的員工,往往因為自視甚高,而無法妥善拿捏與老闆和部屬之間的距離,最終成為不稱職的中階主管。由於是他們一手提拔的,直屬主管們難以開口指正,這也是個問題。

「今天下班要不要去喝一杯?」

避免這種行為①
太害怕部屬對自己的肯定降低,呈現出討好部屬的趨勢。

「協理那種做法,根本不行!」

避免這種行為②
無法擺脫過去身為王牌員工的形象,總是喜歡批評老闆或前主管的做法。

身為主管，對組織和部屬負有責任。有時必須狠下心，提出嚴格的指示和要求。透過這種方式提升整個團隊的能力，最終完成任務，這才是稱職的主管。雖然「否定老闆的做法，堅持自己的方式」聽起來很帥氣，**但老闆不是競爭對手，而是管理自己的人**，千萬不能忘記。

與老闆為敵，結果百害無一利

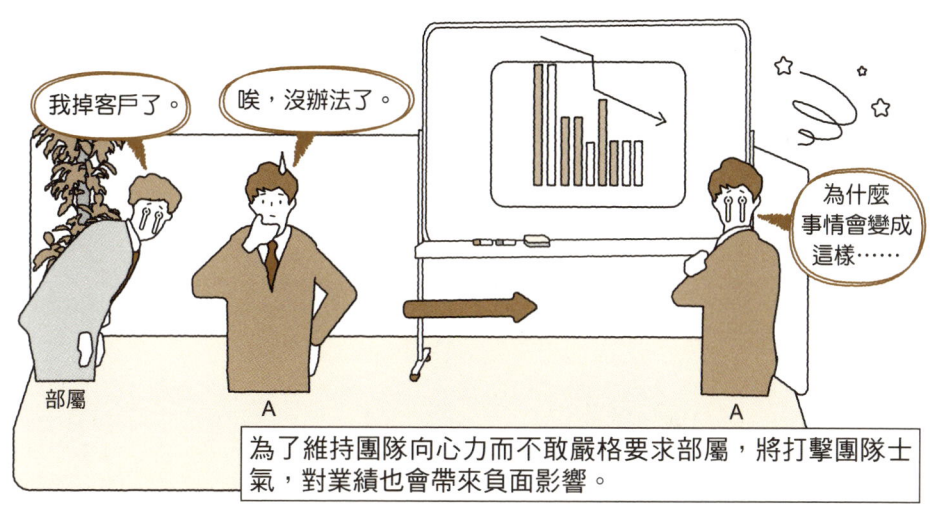

為了維持團隊向心力而不敢嚴格要求部屬，將打擊團隊士氣，對業績也會帶來負面影響。

即使否定老闆的做法，但最終還是會受到老闆的考核。如果無法拿出績效，就會得到相對應的考評。

【圖解】
解決帶人問題的識學管理法

關鍵字 → ☑ 中階主管的職責

71 不怕自己的評價暫時下滑

就算評價一時下滑，也不應該用錯誤的方式來挽救。
身為中階主管，回歸本分才是最重要的。

夾在老闆與部屬之間的中階主管，經常會受到來自雙方的嚴厲審視，甚至可能面臨其中一方評價下滑的窘境。在這種情況下，討好老闆或為了討好部屬與老闆為敵，都不是明智之舉。**就算評價暫時下滑，還是要堅持中階主管的本分、履行職責才是最重要的。**

明白身為中階主管該有的立場

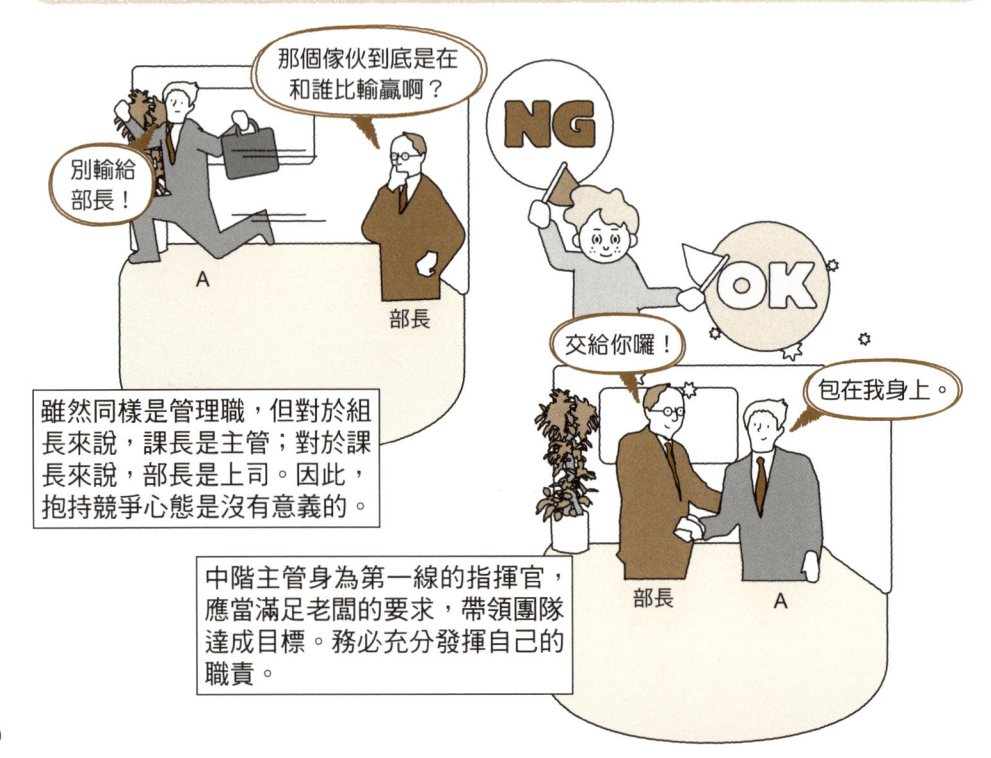

「那個傢伙到底是在和誰比輸贏啊？」
「別輸給部長！」
A　部長
NG

雖然同樣是管理職，但對於組長來說，課長是主管；對於課長來說，部長是上司。因此，抱持競爭心態是沒有意義的。

「交給你囉！」
「包在我身上。」
OK
部長　A

中階主管身為第一線的指揮官，應當滿足老闆的要求，帶領團隊達成目標。務必充分發揮自己的職責。

中階主管的職責，就是帶領團隊達成老闆交辦的任務。身為主管，有時必須嚴格要求部屬，促使他們成長，最終帶領團隊走向成功。唯有如此，才能贏得部屬的讚賞。無須過度在意一時的評價，只要展現出身為管理者應有的風範，部屬自然會願意跟隨。

不在意他人評價，稱職做好自己的角色

照這樣下去，你的職位恐怕也難保啊。

怎麼辦？直屬主管和部屬給的評價，都變差了。

是不是我多說幾句部長的壞話，部屬會不會就站在我這邊啊？

你不就是因為這樣才失敗的嗎？差不多該學到教訓了吧！

部長　　A　　　　　　　　　　　　　A　　同期的同事

好！我要回歸中階主管的本分了！

A

如果想要獲得部屬的向心力，就應該專注於自己的職責，帶領團隊成長。討好部屬只能帶來短暫的效果。

第 **4** 章　讓部屬信任、老闆相挺的處事之道

【圖解】
解決帶人問題的識學管理法

關鍵字 → ☑ 培育的責任

72 不能把錯都推給部屬

許多主管喜歡抱怨部屬,但這其實是不可取的行為。
因為培養能力不足的部屬,正是領導者的職責所在。

如果主管將部屬的失敗或表現不佳視為事不關己,那麼就無法獲得老闆的信任。管理職擁有培育部屬的權限,卻推卸責任,將部屬能力不足歸咎於他人,這絕對不允許。**既然背負培育部屬的責任,如果部屬未能達到要求的水準,那就是證明主管的能力不足。**

哪一位主管比較有魅力?

> 真是沒用,原來我的部屬連這點小事都做不來呀!

主管

> 下屬的責任,就是團隊負責人的責任。只要秉持這樣的觀念,就不會說出那種話了。

> 我的部屬雖然還有許多不足之處,但他們具備潛力,還請多多指教。

> 請多指教。

> 好的,我很期待。

部屬　　主管　　其他公司員工

比起部屬的能力,主管是否理解自己的立場才是問題所在。相較之下,這位主管更有魅力,也更值得信賴。

基層管理職，通常沒有任用人才和分配員工的權限。然而，無論部屬能力如何，他們都有責任帶領部屬達成目標。不管結果如何，**把失敗歸咎於任用和分配員工都是大忌，因為那是上級主管職權範圍內的工作**。在他們做出判斷之前，管理者不應該以任用人才失敗作為藉口。

部屬的錯，也是主管的責任

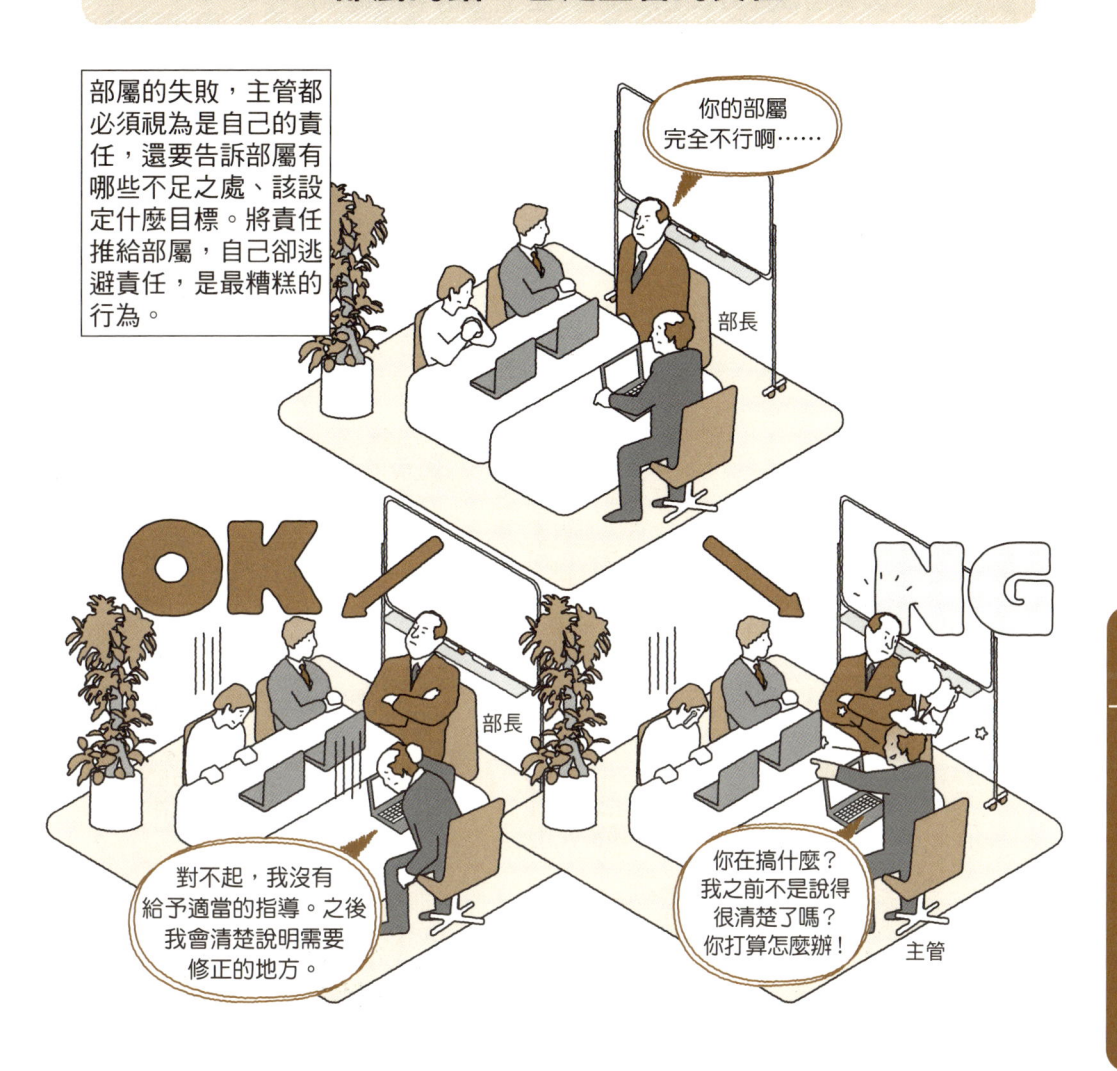

部屬的失敗，主管都必須視為是自己的責任，還要告訴部屬有哪些不足之處、該設定什麼目標。將責任推給部屬，自己卻逃避責任，是最糟糕的行為。

你的部屬完全不行啊……

部長

OK

部長

對不起，我沒有給予適當的指導。之後我會清楚說明需要修正的地方。

NG

你在搞什麼？我之前不是說得很清楚了嗎？你打算怎麼辦！

主管

第 4 章　讓部屬信任、老闆相挺的處事之道

【圖解】
解決帶人問題的識學管理法

關鍵字 ➡ ☑ 持續創造好績效

73 別把老闆當成不順的藉口

身為主管，不應把團隊運作的責任歸咎給老闆。
在既定條件下全力以赴、達成成果，才是管理者的本分。

如果聽到主管抱怨自己部門運作不順，並將責任歸咎於老闆，像是「因為老闆沒做出決定」或「老闆的方針總是變來變去」，你會有什麼想法？雖然這些情況可能確實存在，但如果主管想獲得好評，在抱怨之前，還有一件更重要的事要做，那就是**即使在老闆有問題的情況下，還是可以持續創造好績效。**

這種老闆的確很討厭，可是……

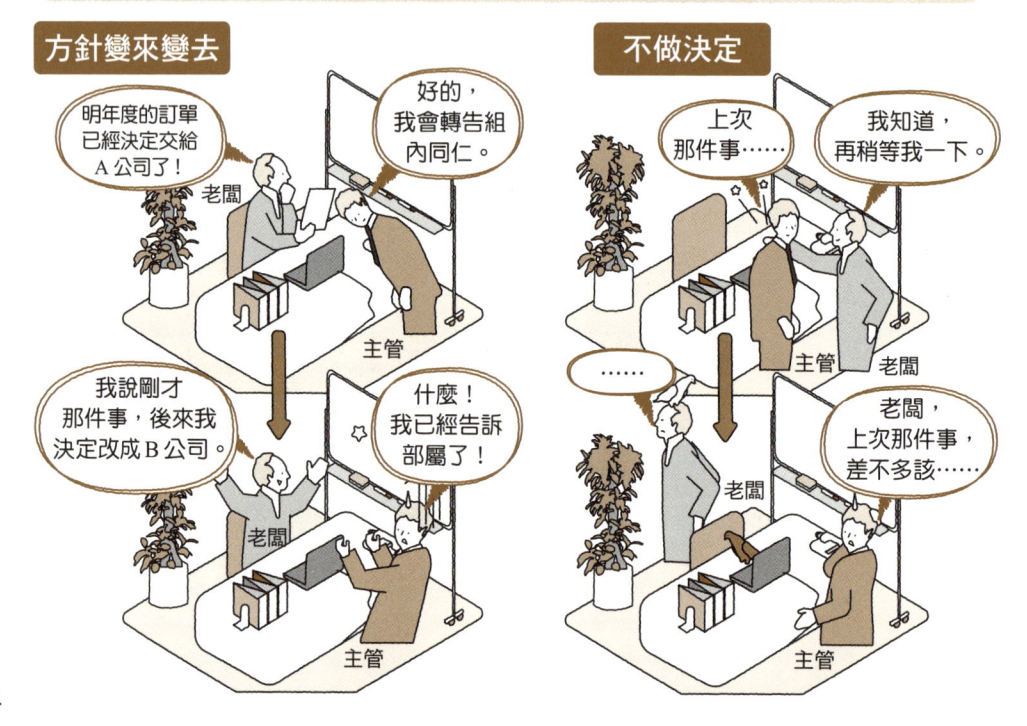

方針變來變去

老闆：明年度的訂單已經決定交給 A 公司了！
主管：好的，我會轉告組內同仁。

老闆：我說剛才那件事，後來我決定改成 B 公司。
主管：什麼！我已經告訴部屬了！

不做決定

主管：上次那件事……
老闆：我知道，再稍等我一下。

主管：……
主管：老闆，上次那件事，差不多該……

174

為了探究老闆為什麼無法做出決定，我們先思考一般的決策過程。例如，在規劃旅行時，我們通常會事先蒐集目的地的風土民情、景點、美食等相關資訊，再根據這些資訊做出決定。雖然這只是一般情況，但**如果老闆無法決定的原因也是資訊不足，或許我們可以從這一點著手解決問題。**

做決定除了需要資訊，還需要決心

- C. 品質
- B. 交期
- D. 口碑
- A. 報價
- E. 過去的交易狀況

需要有足夠的資訊，才能有效做出決策。然而，即使我們自認為已經掌握了充分的資訊，仍然存在不確定的因素，也可能發生意外。這時，最後決定事情成敗的因素，就是「一定要達成目標」的決心。

部屬A：聽說知名大廠A公司也正在研發類似的產品。

主管：真的嗎？消息屬實？

部屬B：因為員工突然生病，導致交期延宕，實在很難開口跟客戶說……

部屬A　　主管　　部屬B

【圖解】
解決帶人問題的識學管理法

關鍵字 → ☑ 加速決策的資訊

74 如何搞定無法做決定的老闆？

如果因為老闆遲遲無法下決定而導致業務停滯，這時應該持續提供有助於對方做出決斷的資訊。

做出決策需要蒐集一定的資訊，而消除不確定因素則需要決心。那麼，面對猶豫不決的老闆，身為部屬的主管應該怎麼做呢？直接逼老闆，是很冒犯的行為，只能讓他自己決定。因此，我們能做的只有一件事：**提供有助於老闆做出決策的資訊**。如果沒有做到這一點，卻一味地將責任推給老闆，那就是主管失職。

絕不能放棄等待，自作主張！

嗯，說的也是。不過，還是再等我一下吧！

老闆，差不多該做決定了。

老闆

已經不能再等了，我要自己決定，趕快處理！

主管

面對猶豫不決的老闆時，最不應該做的就是「放棄並自行決定」。因為決策伴隨著責任，而你可能無法承擔。

主管

面對不願做決定的老闆時，最重要的是，持續提供能促使他做出決定的資訊。如果這樣還是無法讓他下定決心，那就請他明確告知哪些事情他不會做決定、哪些事你可以自行決定。換句話說，就是**請老闆劃清他保留決策權的範圍，以及身為部屬的你可以自行決定的範圍**。只要獲得老闆的許可，你能做的事就會大幅增加。當然，要讓老闆明確劃分這些範圍，但還是需要持續向他提供充足的資訊。

讓老闆告知哪些事可以自行決定

總之，從這個階段到這個階段，我會先等等看。剩下的就交給你了。

好的，我知道了。那麼，從這個階段到這個階段，我會自行決定，請您確認。

這樣業務也能向前推進嗎？

如果可以就太好了……

老闆

主管

部屬A

部屬B

明智的做法是，向主管詳細說明決策被延宕的情況和相關資訊，然後詢問：「基於這些情況，這部分我可以自行決定嗎？」

第4章　讓部屬信任、老闆相挺的處事之道

【圖解】
解決帶人問題的識學管理法

關鍵字 → ☑ 設定

75 怎麼面對「善變」的老闆？

意見容易變卦的老闆，對第一線員工來說是一大麻煩。
身為團隊主管，必須隨時確認老闆的想法是否有變化。

如果老闆朝令夕改，確實會造成困擾。在某些情況下，甚至可能讓之前的努力付諸東流。然而，身為主管，將混亂的原因歸咎於老闆是不恰當的。**老闆對於每項工作都有自己的想法和規劃，這些可以視為一種「設定」。確認這些「設定」，並將其作為團隊運作的前提，正是主管的責任。**

意見有變，就是設定改變

3 天前

今年夏天氣溫偏低，這樣一來，冰飲商品的銷量也會下滑吧。

老闆的想法或意見經常變動是有原因的。實際上，這可能是因為老闆對該業務的要求或設定發生了變化。主管要先覺察到這一點。

這個月

雖然上週氣溫偏低，但銷量卻不錯。如果是我們的熱銷商品，或許不受氣溫影響。

178

舉例來說，**如果老闆經常改變主意，主管就應該經常詢問老闆，確認他對業務的基本設定是否有任何變化**。接著，再思考如何帶領團隊達成目標。如果主管疏於確認，只是將老闆改變意見當作藉口，那就是主管失職。如果導致團隊無法達成目標，進而影響整體考評，這樣也無話可說。

只要沒疏於確認，就能隨機應變

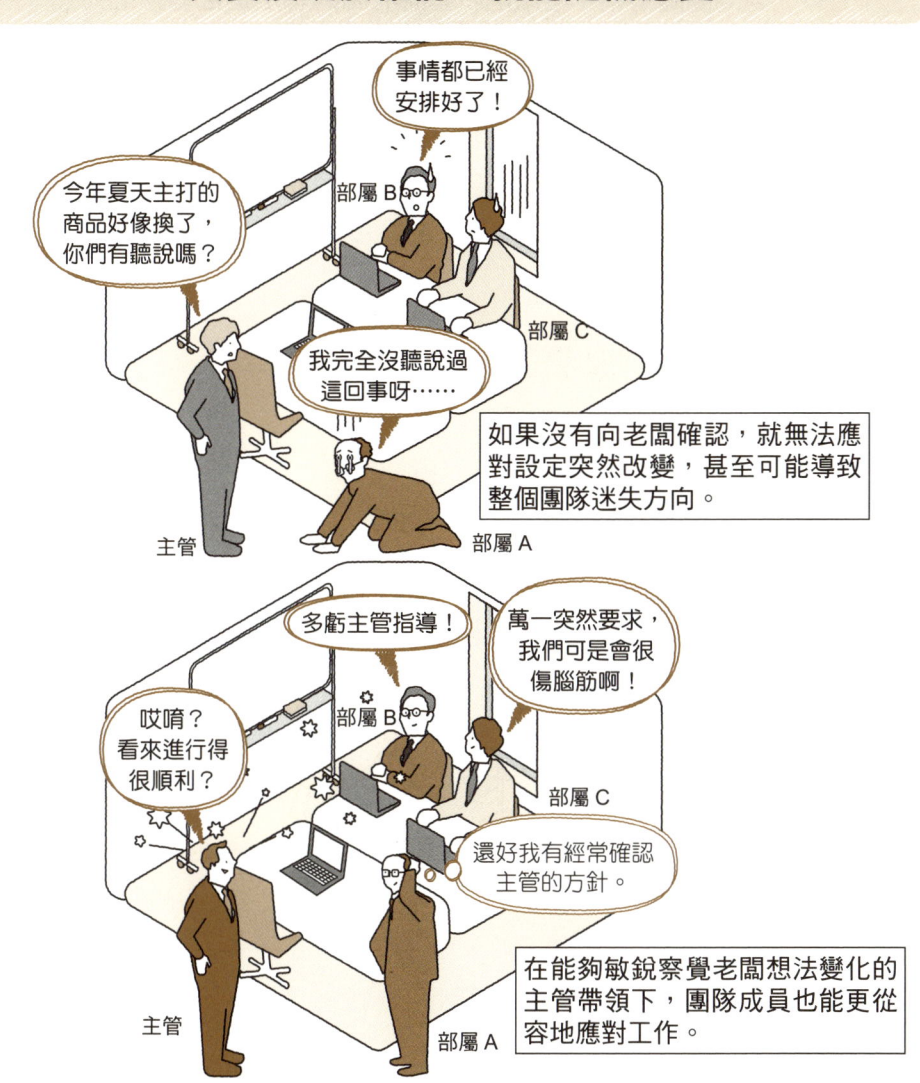

今年夏天主打的商品好像換了，你們有聽說嗎？

事情都已經安排好了！

我完全沒聽說過這回事呀……

主管　部屬B　部屬C　部屬A

如果沒有向老闆確認，就無法應對設定突然改變，甚至可能導致整個團隊迷失方向。

哎唷？看來進行得很順利？

多虧主管指導！

萬一突然要求，我們可是會很傷腦筋啊！

還好我有經常確認主管的方針。

主管　部屬B　部屬C　部屬A

在能夠敏銳察覺老闆想法變化的主管帶領下，團隊成員也能更從容地應對工作。

第 **4** 章　讓部屬信任、老闆相挺的處事之道

【圖解】
解決帶人問題的識學管理法

關鍵字 ➡ ☑ 做得比要求更多

76 不要以老闆的角度思考

經營者有經營者的考量,主管有主管的顧慮,兩者所需做出的判斷有所不同。管理者應專注於達成目標,別思考過多的其他事務。

能從經營者角度思考的人,會受到高度評價,也更容易獲得晉升,這種想法是錯誤的,因為主管終究只是主管。**不是身為經營者的人,很難從經營者的角度思考問題**,別去思考「如果我是經營者,我會做出不同的指示」,而是應該努力朝向目標。這樣做,團隊成員也會跟著向前邁進。

別拿老闆跟自己相提並論

老闆說:「現在應該保守一點,不要太冒險。」確實有道理。

你在說什麼啊?老闆的想法根本是錯的!

只有經營者才能從經營者的角度思考問題。別將經營者的判斷與自己的判斷相互比較。

A　　B

身為主管，若能跟部屬團結一致、專注於工作，就能穩健創造績效。**當老闆對員工說「用經營者的角度思考」，他的言下之意其實是「做得比要求更多」**。因此，一流主管能夠理解老闆額外的期待，並付出行動。

做得比要求更多

> 嗯，你也差不多該用經營者的角度來思考問題了。

> 老闆，早安！

B　　老闆

> 既然老闆都這麼說了，我也試著從老闆的角度思考問題。

> 不需要。因為老闆想表達的，不是那個意思。

B　　A

> 績效超乎預期。看來你們有聽懂我想表達的意思。

> 你的建議真是太好了。有個可靠的同事真好。

老闆　　B

當老闆說「用老闆的角度思考」時，他的意思是，做得比要求更多，才會得到真正的肯定。因此，我們應該在完成份內工作的基礎上，再額外付出努力，讓老闆感到滿意。

第 **4** 章　讓部屬信任、老闆相挺的處事之道

【圖解】
解決帶人問題的識學管理法

關鍵字 → ☑ 評論員

77 別隨便評論公司的人事物

為公司貢獻的最佳方式，就是做好自己的本分。
不要以「為公司好」當作藉口，干涉其他部門的事務。

有些人喜歡對其他部門的事情指指點點，彷彿自己是當事人或該部門的主管，甚至像個評論家一樣高談闊論。這種行為非常不妥。**即使是主管，對其他部門也沒有任何權限，因此也無法承擔任何責任**。儘管如此，有人卻表現得像是負責人一樣，發表評論，這種行為不值得鼓勵。無論他的言論是否合理，沒有人會願意傾聽一個無法為自己言論負責的評論家。

在開會場合評論的人最差勁

> 最近感覺業務部的衝勁好像有點不足。

> 拜託……你又不是業務部的人。

> 唉……又開始了啦！

在會議中對其他部門事務發表評論的人很麻煩，因為一旦有人發言，就必須做出回應。如此一來，寶貴的會議時間就會被這些不負責任的言論白白浪費。

「為全公司著想」這句話容易產生誤會，導致有些人認為自己有權干涉其他部門的事務。公司不是靠一個人運作，而是由所有員工共同經營，每個人都根據自己的職位承擔相應的責任。**各司其職才是真正的為全公司著想，也是推動公司實現目標的動力。**

這些說詞不算評論，所以可以表達

提醒

既然開發已經步入正軌，我覺得將協調會議調整為一週一次，或許更能讓現場人員專注於工作。

如果是正面且合理的建議，那就沒問題。

提供資訊

為了確保準時交貨，請在一週內完成零件採購。

為了解決現有的問題，提出務實可行的建議是必要的。

建議

我覺得 A 公司的生產管理有很多值得我們學習的地方。

任何人都會樂意接受對全公司有益的資訊分享。

第 4 章　讓部屬信任、老闆相挺的處事之道

183

【圖解】
解決帶人問題的識學管理法

關鍵字 → ☑ 利害一致

78 不輕易干涉其他部門的事務

如果不小心干涉其他部門的事務，可能會引發糾紛，因此除了少數例外，最好引導對方向他們的直屬主管尋求協助。

面對來自其他部門的求助，應該謹慎處理。這類求助通常分為兩種：**對自己主管的不滿，或是應該向直屬主管討論的事務**。如果輕易附和對方對主管的不滿，可能會導致當事人與主管的關係惡化。此外，即使你提供了建議，但如果與當事人的直屬主管意見不同，也可能引發部門間的衝突。

其他部門的求助，有兩種類型

類型①

「我主管做事的方式實在是太強硬了……」
「嗯……」
當事人　A主管

許多人在求助時，內容大多是對主管的不滿。如果對此表示肯定，當事人可能會更加堅信自己是對的，導致與主管的關係惡化，因此需要謹慎處理。

類型②

「可以請教你怎麼跟新客戶建立關係的方法嗎？」
「嗯，就我的經驗來說……」
當事人　A主管

原本當事人該找直屬主管討論的內容，有時可能也會被詢問。不小心回答後，萬一內容和當事人的主管給的指示或建議有出入，就可能無意中否定了該主管。

這種情況的發生，**背後其實雙方利益是一致的**。當事人希望得到認同：無法遵守指示或工作表現不佳，不是自己的問題，而是主管的問題。而提供求助的人，無論是否來自其他部門，都希望滿足對方的期待，從中獲得滿足感。然而，**大多數問題只有透過與直屬主管溝通才能真正解決。因此，正確的做法是不隨意發表意見，而是引導對方與自己的主管進行溝通。**

唯一必須提供求助的例外

職場霸凌

性騷擾

違法亂紀

謝謝你願意告訴我，我不會讓你吃虧受害。

當涉及性騷擾、職場霸凌、舞弊等，當事人的主管明顯違反規定的情況時，應該跨越部門界線提供協助。此時，應詳細了解情況，並向相關單位報告。同時，盡最大努力確保當事人不受傷害。

【圖解】
解決帶人問題的識學管理法

關鍵字 → ☑ 組織圖

79 忽視組織架構，越級報告是大忌

在組織中形成的任何想法或共識，都必須按照組織架構所規定的層級來傳達。任何無視層級的越級溝通，都是不被允許的。

公司是按照規則運作的。組織架構中，明確規定了層級制度，**誰是主管，誰是部屬，一目了然**。如果有人無視組織架構，越級直接向高層提出請求，會發生什麼呢？很可能會產生各種弊端。最重要的是，責任歸屬將變得模糊不清。因此，清楚自己定位的主管，不會越級報告。

越級報告是為了誰好？

竟然有人越級報告，到底在做什麼呀！

老闆！我有個很棒的想法！

那個傢伙在搞什麼啊！

越級報告中

課長　部長　董事　老闆

課長越級報告，而老闆又同意的狀況下，夾在中間的部長和董事們雖然不情願，也只能服從決定。但是，部長也有自己的職責，所以不會積極配合，課長的計畫也不會如願以償。這種情況對誰都沒有好處。

公司對員工的期望，不是具備直接向老闆提出建議的勇氣，而是善盡自己的職責，確保組織穩定運作。**即使打著「為公司著想」的旗號，無視組織架構的越級報告也是不被允許的**。如果認為製造一些摩擦就能得到肯定，那簡直是異想天開。現實是殘酷的，這種行為幾乎沒有生存的空間。

事情不順利的責任，會回到自己頭上

冷靜想想，其實你們說的很有道理，我不該把這件事交給課長處理的。

您說得對。那麼，就讓課長承擔責任吧。

唉，課長也太愛表現了。這下他該學到教訓了吧。

不知道這次被叫去有什麼事。會不會又要我再加油之類的？

老闆　　董事　　部長　　　　　　　　　課長

假設課長的氣勢打動了社長，社長一時同意了他的越級報告。然而，被跳過的主管們，只會提供敷衍的協助。結果，如果事情不順利，最終責任將由課長一人承擔。光想到這一點，越級報告就是不明智的行為。

在公司的組織中，無視組織架構的越級報告明顯是違反規定的行為。主管應該專注於自己的職責，並做出好績效，才是最重要的。

專欄 ❹

別強迫員工
一定要愛公司

　　許多公司的企業理念，都會提到員工要熱愛公司，對公司要有愛。老闆希望全體員工熱愛公司，是人之常情。然而，在一個由各種各樣的人組成的企業中，要培養愛社精神並不容易。

　　讓我們將「愛公司」替換成「愛一個人」。「愛」是對萬事萬物產生的一種情感，無論對象是什麼，本質上都是一樣的。

　　對一個人產生愛意，需要一定程度的互動和時間。就算是一見鍾情，那也只是對對方的興趣，而非愛情。愛公司也

是如此。**真正的愛社精神，是在員工工作一段時間後，意識到自己對公司的成長有所貢獻時才會萌芽。**

此外，要讓特定的一個人被周圍的所有人都愛，幾乎是不可能的。因為每個人的個性不同，必然會有合不合得來的問題。即使滿足了對方的需求，也不能保證對方會愛你。

企業也是如此，要讓所有員工都愛公司，就必須滿足所有人的需求。然而，作為一個組織，制定能滿足所有人需求的規則幾乎是不可能的。

此外，**以「熱愛公司」作為企業理念，可能會導致公司需要確認這種精神是否有落實**。這樣一來，就可能出現員工評價公司的現象，這與組織本來的運作方式背道而馳。

因此，無論老闆如何提倡愛社精神，只要公司是由人組成的組織，就很難實現這個目標。不過，希望員工愛公司的想法本身是很自然的，所以在這樣的老闆手下工作的員工，或許可以在能力範圍內回應老闆的心情。

結語

落實識學管理，讓團隊飆速成長

在閱讀的過程中，或許有些人會恍然大悟，以為出於好意而實踐的管理方法會很有用，但實際上可能對部屬的成長沒有幫助，甚至對組織產生負面影響。

「識學」是一門管理學問，深入探討組織中各種問題的根源，並明確指出應採取哪些解決之道。它也說明了中階主管在組織中扮演的角色，以及應該如何與部屬和老闆相處。讀完本書後，相信你一定能學會具體的方法。

組織順利運作的關鍵在於，每位員工都能為組織做出貢獻。然而，如果貢獻的方式無視了組織架構，即使出於善意，也會對組織產生不良影響。**透過實踐「識學管理法」，就能改善組織體質，公司和員工都能獲得顯著的成長。**

近年來，隨著自由工作者的崛起，人們有了更多元的工作選擇。儘管如此，管理能力仍然至關重要，並且能夠提升工作滿意度。從企業的角度來看，中階主管更是組織營運的關鍵。

衷心希望讀完本書的各位，能夠將「識學管理法」應用到實際工作中，為追求個人成就和組織發展做出貢獻。

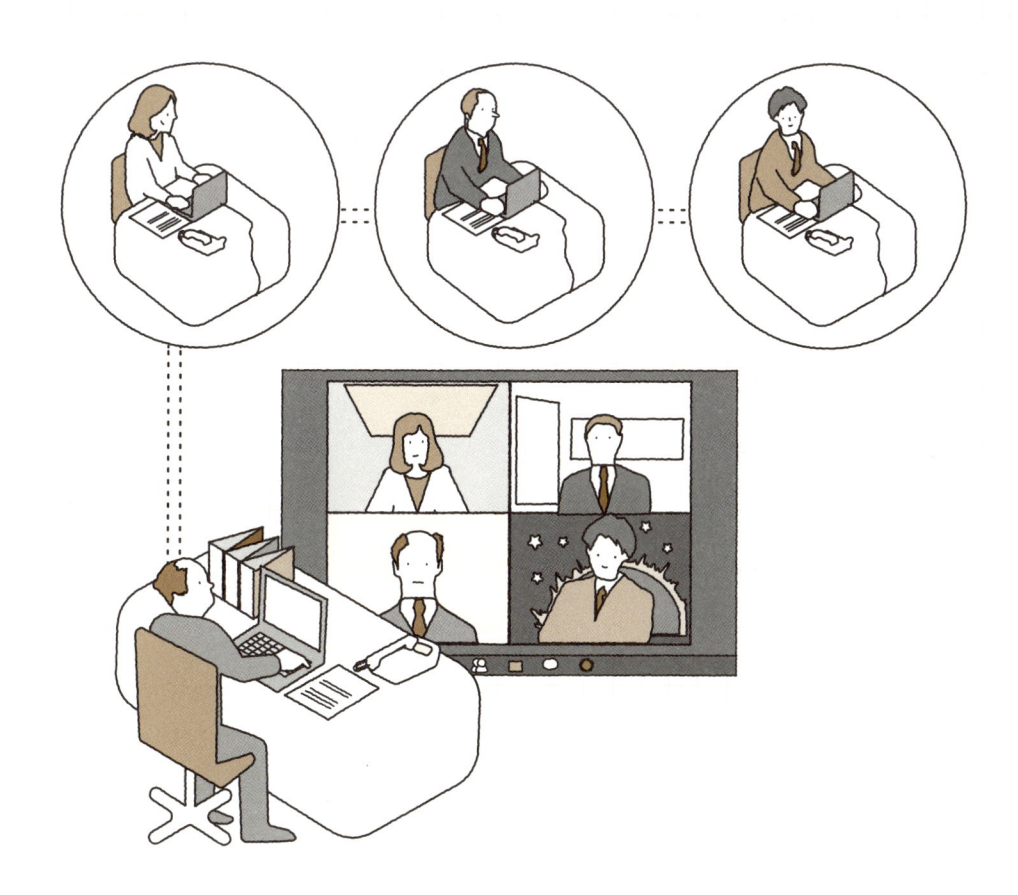

參考書目

- 《老闆把你當心腹,下屬一路跟隨的「主管假面思維」》,安藤廣大著
- 《數值化之鬼》,安藤廣大著
- 《優秀課長不做「這件事」!》,安藤廣大著
- 《會成長的公司不做「這件事」!》,安藤廣大著

翻轉學 翻轉學系列 134

【圖解】解決帶人問題的識學管理法
2 小時快速掌握一流主管思維，讓部屬自動自發、老闆信任、團隊績效達標
急成長する組織の作り方が 2 時間でわかる！識学マネジメント見るだけノート

作　　　者	安藤廣大
監　　　修	識學株式會社
譯　　　者	張嘉芬
封 面 設 計	Dinner Illustration
內 文 排 版	黃雅芬
行 銷 企 劃	林思廷
出版二部總編輯	林俊安

出 版 者	采實文化事業股份有限公司
業 務 發 行	張世明・林踏欣・林坤蓉・王貞玉
國 際 版 權	劉靜茹
印 務 採 購	曾玉霞・莊玉鳳
會 計 行 政	李韶婉・許俽瑀・張婕莛
法 律 顧 問	第一國際法律事務所　余淑杏律師
電 子 信 箱	acme@acmebook.com.tw
采 實 官 網	www.acmebook.com.tw
采 實 臉 書	www.facebook.com/acmebook01

I　S　B　N	978-626-349-768-9
定　　　價	380 元
初 版 一 刷	2024 年 10 月
劃 撥 帳 號	50148859
劃 撥 戶 名	采實文化事業股份有限公司
	104 台北市中山區南京東路二段 95 號 9 樓
	電話：(02)2511-9798　傳真：(02)2571-3298

國家圖書館出版品預行編目資料

【圖解】解決帶人問題的識學管理法：2 小時快速掌握一流主管思維，讓部屬自動自發、老闆信任、團隊績效達標 / 安藤廣大著；識學株式會社監修；張嘉芬譯 . -- 初版 . -- 台北市 : 采實文化事業股份有限公司, 2024.10
192 面；17×21.5 公分 . -- (翻轉學系列；134)
譯自：急成長する組織の作り方が 2 時間でわかる！識学マネジメント見るだけノート
ISBN 978-626-349-768-9（平裝）

1.CST: 管理者　2.CST: 企業領導　3.CST: 組織管理
494.2　　　　　　　　　　　　　　　　　　113010364

急成長する組織の作り方が 2 時間でわかる！識学マネジメント見るだけノート
KYUUSEICHOUSURU SOSHIKI NO TSUKURIKATA GA 2 JIKAN DE WAKARU！
SHIKIGAKU MANAGEMENT MIRU DAKE NOTE by Kabushikigaisha Shikigaku
Copyright © 2022 by Kabushikigaisha Shikigaku
Traditional Chinese translation rights © 2024 by ACME Publishing Co., Ltd.
This edition arranged with Takarajimasha, Inc.
through Keio Cultural Enterprise Co., Ltd., Taiwan.

采實出版集團 ACME PUBLISHING GROUP
版權所有，未經同意不得重製、轉載、翻印